JN135062

Foundations of Transmission and Distribution

送配電の基礎 第2版

山口純一・中村格・湯地敏史
共著

森北出版株式会社

●本書のサポート情報を当社Webサイトに掲載する場合があります．下記のURLにアクセスし，サポートの案内をご覧ください．

https://www.morikita.co.jp/support/

●本書の内容に関するご質問は，森北出版 出版部「(書名を明記)」係宛に書面にて，もしくは下記のe-mailアドレスまでお願いします．なお，電話でのご質問には応じかねますので，あらかじめご了承ください．

editor@morikita.co.jp

●本書により得られた情報の使用から生じるいかなる損害についても，当社および本書の著者は責任を負わないものとします．

第2版 はしがき

送配電工学の目的は，需要家の要求に応じて，安全かつ安定した電力の供給を行うための電力システムを構成することである．

低炭素化社会に向けたわが国では，スマートグリッドや IoT 技術などにより，電力システムにおいても情報化が躍進している．また，電力自由化や固定価格買取制度（FIT）により，太陽光・風力発電システムの普及も進んでいる．これにともない，気象現象による出力変動緩和による電力系統への影響の軽減および広域かつ複雑に情報化された電力システムの管理・需給運用が求められている．このような時代背景の中で，これからのエンジニアや電気主任技術者には，送配電工学の基礎をしっかりと学んだうえで，複雑化する広域な電力網を情報化による安全かつ安定した電力供給を実現する能力が必要となる．

本書は，学生だけでなく，実務に携わるエンジニアや電気主任技術者のバイブル的な役割を果たすことも目指している．送配電工学の基礎的な内容をコンパクトにまとめ，電気主任技術者の資格取得にも役立つよう，例題や演習問題をわかりやすく紐解いている，

また，改訂にともない，用語の説明を拡充し，情報も更新した．さらに，大学や高専などの教科書として採用されている先生方からの要望を取り入れ，わかりにくかった例題や演習問題を精査した．

本書で学んだ学生やエンジニア，電気主任技術者が，今後の日本における電力系統の管理・運営において活躍していただくことを願っている．

2018 年 11 月

著者記す

はしがき

本書の著者の一人は，今日まで国立大学で 25 年間，私立大学で 8 年間，学部において送配電工学を 4 単位，大学院において電力工学特論 2 単位を講義してきた．

科学技術の進歩とともに，つぎつぎに大学カリキュラムの改訂が行われ，この分野の講義時間は年々縮小の傾向にある．反面，これまでのテキストはページ数が多く，広範囲の内容が盛り込まれていて，限られた講義時間内で教えることは不可能な傾向にある．また，理工系大学学部では，1 教科を従来の「通年」から，半年単位で履修する「セメスター制」のカリキュラムを採用する大学も増加している．

このようなすう勢のもと，本当に必要な事項を効率よく教えるという方針で，本書の書名である「送配電の基礎」をコンパクトにまとめることを意図した．

送配電工学の講義の目的は，需要家の電力の要求に応じて，定電圧，定周波数で危険なく送電し，雷やその他の線路事故の波及による停電時間を短くするための保安保護装置を含めた一大電力システムの構成を理解させ，興味をもたせるためにあると思う．

また，著者のうち二人は，かつて電力工学の全貌を把握すべく，電気主任技術者第 1 種の資格にチャレンジしたので，これから受験しようとする人々のためにも，考え方の点において得る点が多いのではと自負している．

電気工学は，目に見えない現象を物理的にとらえ，設計して試作し，実験を行い，検討を繰り返す学問である．講義をよく聴き，その喜びを味わってほしい．読者諸氏の自学自習の一助として，各章末に演習問題を掲げ，巻末にその解答を示した．

1999 年 10 月

著者記す

目 次

① 電力系統と三相交流 1

1.1 電力系統 ・・・・・ 1
1.2 電圧と周波数に関する基本事項 ・・・・・ 2
　（1） 電圧の区分 2
　（2） 周波数の区分 3
1.3 対称三相交流電圧の発生 ・・・・・ 4
1.4 対称三相交流の電圧と電流 ・・・・・ 5
1.5 Y 結線と Δ 結線の電圧と電流 ・・・・・ 7
1.6 単相・平衡三相回路の有効，無効，皮相電力 ・・・・・ 8
　（1） 単相負荷の有効，無効，皮相電力 8
　（2） 平衡三相負荷の有効，無効，皮相電力 9
1.7 ベクトル電力 ・・・・・ 10
演習問題 ・・・・・ 11

② 配電方式と変圧器 12

2.1 配電線路の配電方式 ・・・・・ 12
2.2 変圧器の等価回路 ・・・・・ 14
2.3 需要率 ・・・・・ 16
2.4 不等率 ・・・・・ 16
2.5 負荷率 ・・・・・ 17
2.6 変圧器の全日効率 ・・・・・ 18
2.7 配電線路での障害 ・・・・・ 19
演習問題 ・・・・・ 20

3 配電線路の計算 21
3.1 交流配電線路の電圧降下 21
3.2 配電線路の所要電線量の比較 25
3.3 配電線路の力率改善 29
（1） 力率改善用コンデンサの容量計算 29
（2） 力率改善による増加負荷電力の計算 30
3.4 分散負荷による電圧降下と電力損失 33
（1） 末端集中負荷 33
（2） 平等分布負荷 34
3.5 電線のたるみ，張力，長さの計算 34
演習問題 36

4 配電線路の保護装置 38
4.1 開閉器 38
4.2 過負荷および地絡保護 38
（1） 過電流継電器 38
（2） 地絡保護 39
4.3 遮断器 40
4.4 避雷器 41
4.5 接地工事 42
（1） 接地式電路 42
（2） A 種接地工事，C 種接地工事，D 種接地工事 43
4.6 高低圧混触による低圧線の電位上昇 44
演習問題 46

5 送電線路の線路定数 48
5.1 抵　抗 48
5.2 インダクタンス 50
5.3 静電容量 54
5.4 多導体線路の効果 56
演習問題 57

6 送電線路の電気的特性 59
6.1 線路での分布定数回路 59
6.2 四端子定数 62
6.3 送電線路の簡易等価回路 64
（1） アドミタンス $\dot{Y}$ を無視した送電線 64
（2） T 回路 65
（3） π 回路 66
（4） フェランチ効果 68
（5） 発電機の自己励磁作用 69
演習問題 70

7 電力円線図 71
7.1 送受電端電力と電力円線図 71
7.2 電力円線図と調相機容量 74
7.3 調相設備 78
（1） 同期調相機 78
（2） 電力用コンデンサ 79
（3） 分路リアクトル 79
演習問題 80

8 故障計算法 81
8.1 %インピーダンス法と単位法 81
（1） %インピーダンス法 81
（2） 単位法 83
8.2 三相短絡電流と三相短絡容量の計算 84
8.3 対称座標法 88
（1） 対称分電圧 88
（2） 対称分電流 89
（3） 対称分インピーダンス 90
（4） 発電機の基本式 92
8.4 故障計算例 94
（1） 1 線地絡 94
（2） 実系統に近い計算例 96
（3） 2 線短絡故障 97
（4） 3 線短絡故障 99
演習問題 100

9 第 3 高調波および中性点接地 102
9.1 第 3 高調波の発生 102
9.2 中性点接地方式 105
(1) 地絡電流の求め方 105
(2) 直接接地方式 106
(3) 抵抗接地方式 107
(4) 消弧リアクトル接地方式 108
(5) 非接地方式 110
演習問題 111

10 安定度 113
10.1 定態安定度 113
10.2 過渡安定度 114
(1) 負荷が急変する場合の相差角のふるまい 114
(2) 1 回線遮断後の相差角のふるまい 115
(3) 動態安定度 116
(4) 安定度の向上 116
演習問題 116

11 直流送電 118
11.1 直流送電システム 118
11.2 直流送電の長所と短所 119
(1) 長 所 119
(2) 短 所 119
11.3 直流送電の制御 120
演習問題 120

演習問題解答 121
索 引 144

記号について

1 ベクトルまたは空間ベクトルは $\dot{E}$, $\dot{I}$ のようにドットをもって示した.

2 量記号は，原則として JIS Z 8202 に従い，V, I, ϕ などのように斜体文字とした．同様に，単位記号は，V，A，VA のように立体文字を用いた.

1 電力系統と三相交流

本章では，まず送配電工学の概要をつかむため，送配電を行うシステムである電力系統の全体像や，電圧と周波数に関する基本事項について解説する．

配電線路上を流れる電流は一般的に三相交流である．このため，三相交流の基本的な理論や予備知識が，送配電工学の基礎となる．本章では，これらの知識および計算方法，ベクトル表示方法などについても述べる，

1.1 電力系統

われわれの生活に欠かすことのできない電力は，基本的に貯蔵できない．このため，需要家のニーズを予測しながら発電し，発電後すみやかに需要家に届ける必要がある．この発電した電力を需要家に届けるシステムのことを，**電力系統**という．

図 1.1 は，電力系統の基本的な構成図である．電力系統は，**基幹系統**，**地域供給系統**，**配電系統**に大きく分かれる．

基幹系統は，発電を行う**発電所**と，送電用に電圧を調整する**変電所**によって構成される．発電所は，火力・水力・原子力・風力・太陽光などの発電方式によって，発電

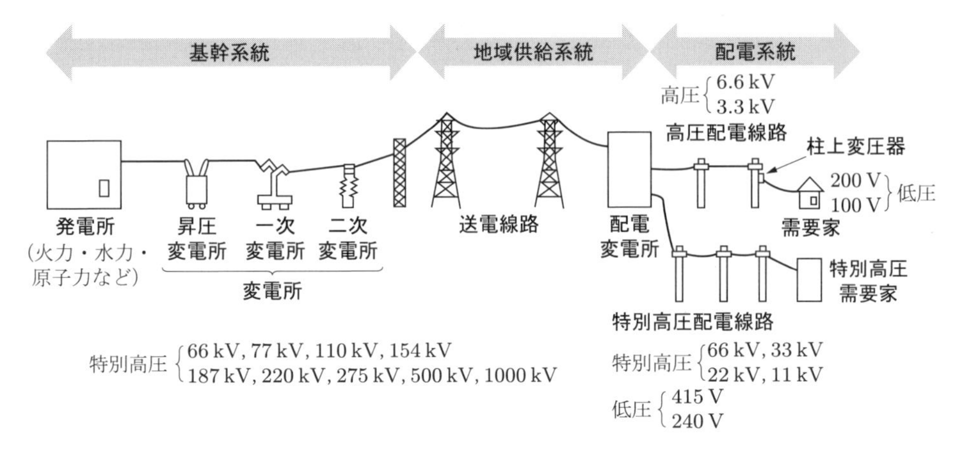

図 1.1　電力系統の構成

時の電圧が異なり，どれもきわめて高圧である．この不統一な電圧を調整し，各地に送電できる電圧に調整するのが変電所の役割である．変電所は，特高圧変電所，一次変電所，二次変電所と複数種類あり，各変電所で徐々に電圧を下げていく．

基幹系統からプールされた電力は，送電線路によって各地域に送られ，需要家へ配電できるまで電圧を下げるために設置された**配電変電所**へと送電される．このシステムが地域供給系統である，

地域供給系統の最末端に位置し，需要家に直接電力を供給するのが，配電系統である．各需要家を結ぶ配電線路や，柱上変圧器や開閉器などで構成される．配電系統の種類には，配電系統の幹線を形成した後，線路延長を繰り返すことにより，自然に配電線路が形成される樹枝状方式や，配電線路が環状の形態をしているループ方式などがあげられる．大容量の電力を消費する特別高圧需要家へは，配電変電所で電圧を下げずに高圧のまま送電することもある．

各系統で流れる電圧は，図 1.1 に示した値で法律により規定されている．長い距離を大電力で送電する必要がある基幹系統や地域系統は**高圧**で，各需要家に安全な電圧で送電する必要がある配電系統では**低圧**である．この規定については次節で詳しく述べる．

近年発電量が増えている太陽光発電や風力発電などは，天候の影響を受けやすいので不確定性要因が増し，出力も安定しない．このため，従来の発電方式よりも需給バランスの予測が難しい．送配電網と発変電設備，需要家設備の維持管理という一連の電力需要の管理を，情報技術を使って制御するスマートグリッドが，次世代の電力系統として注目されている．

1.2 電圧と周波数に関する基本事項

（1） 電圧の区分

わが国の送配電線路の電圧は，**標準電圧**で統一されている．この標準電圧には，電線路での線間電圧である**公称電圧**と，電力系統の平常運転状態に発生する最高線間電圧である**最高電圧**の 2 種類があり，電気規格調査会 (JEC) 標準規格 JEC-158-1970 において，電圧の階級を規定している．また，最高電圧と公称電圧との間には，500 kV を除いて † つぎの関係が成り立つ．

$$\text{最高電圧} = \frac{\text{公称電圧}}{1.1} \times 1.15$$

† 500 kV の最高電圧は，JEC-0222 標準電圧（2002）に示されているように，各線路ごとに 525 kV，もしくは 550 kV のいずれかを選択するようになっている．

電気工作物は電圧が高くなるほど危険性が増加するので，電圧の高低によって電気工作物に対する施設規制に差をつける必要がある．電気設備技術基準を定める省令（以下**電基**という）の第3条では，電圧を表1.1のように**低圧**，**高圧**，**特別高圧**の3階級に区分し，おおむねこの電圧ごとに保安上大きく差があると考えて，法的に規制している．

表 1.1 電圧の区分

電圧の区分	交 流	直 流
低 圧	600 V 以下	750 V 以下
高 圧	600 V を超え 7000 V 以下	750 V を超え 7000 V 以下
特別高圧	7000 V を超えるもの	7000 V を超えるもの

（a） 低 圧

低圧は，おもに電気使用場所で使用される電圧で，公称電圧として100 V，200 V，400 Vが使用されている．低圧の中には，さらに詳細な電圧区分として30 V，60 V，**対地電圧**150 V，300 Vなどがある．とくに，対地電圧150 Vについては，一般家庭で使用する機器はこの電圧を原則としている．

（b） 高 圧

高圧は，おもに配電線路に使用される電圧で，公称電圧は3.3 kVおよび6.6 kVがある．

（c） 特別高圧

一般の配電線路とは異なり，大口需要家や二次変電所などから直接配電される場合に用いるもので，15 kV，35 kV，100 kV，170 kVを境界として保安上の規制の差がある．都市部の工場や高層ビルなどの高負荷密度の地区では，20 kV級特高配電方式が導入されている事例もある．

上記の3階級とは別に，170 kVを超える電圧を俗に**超高圧**という．すでに電線路の公称電圧では，187 kV，220 kV，275 kV，500 kVのほか，1000 kV級の送電電圧がわが国では採用されている．

（2） 周波数の区分

わが国の送配電電圧では，電圧および電流の位相を120°互いにずらした単相交流を3系統組み合わせた交流方式である**三相交流方式**を用いている．その理由としては，以下のようなものがあげられる．

- 電動機や発電機などが，回転磁界を有しているため．
- 平衡時の送電電力の瞬時値が単相のように脈動することなく一定のため．

- 変圧器による電圧の昇降が容易に行なえるため．
- 送電電圧および，損失率，対地電圧，力率などを一定とした場合，電線1条あたりの送電電力がほかの方式などに比べて大きいため．

交流方式での周波数は，電力会社と需要家間の使用機器の構造や定格に影響を与えるとともに，送電配電系統のリアクタンス変化により，系統の無効電力，電圧変動率などに影響を与える．ここで，電圧変動率は，全負荷の受電端側の開放時の電圧上昇の割合である．さらに，あまりに低い周波数では，照明のフリッカ（2.7節で後述）の発生や，電動機の回転速度が所定値に達成しないなどの支障が生じる．

わが国の周波数は，静岡県富士川を境にして，東日本と西日本に分けて，50 Hz と 60 Hz の2種類が用いられている．2種類の周波数を使用する理由は，電気事業創業期の，使用電圧も高くなく，都市部とその周辺に限られて電力供給が行われていたころの供給用電源として，東京ではドイツ製の発電機が使われ，大阪ではアメリカ製の発電機が使われていたためである．

1.3 対称三相交流電圧の発生

一般の発電機の原理は，直流磁界の中で電流を流す物質である導体を回し，導体が磁束を直角に切断すると，その導体の中に起電力を誘起するという，**フレミングの右手の法則**を用いたものである．

三相交流電流が作る周囲の回転磁界と，電機子巻線に流れる電機子電流の作る磁界との回転速度差に，同期速度で回転する発電機を**三相交流同期発電機**という．この三相同期交流発電機の最小単位のものを考慮すると，図1.2(a)に示す一巻のコイル3本(a–a′, b–b′, c–c′)を準備し，これを図1.2(b)のように，互いに120° $\left(\frac{2\pi}{3}\text{rad}\right)$ の

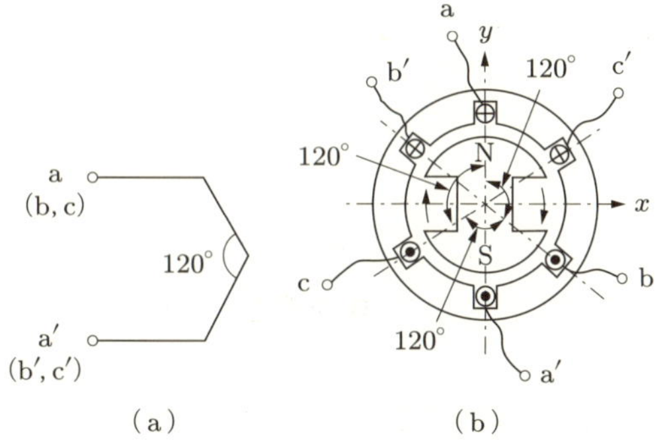

図1.2 電機子コイル

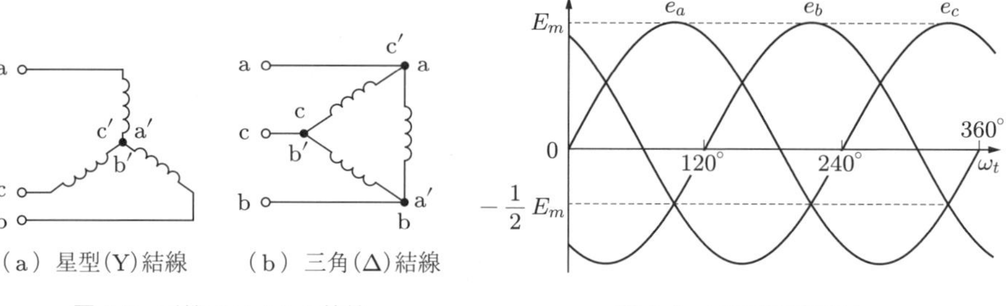

（a）星型(Y)結線　（b）三角(Δ)結線

図 1.3 電機子コイルの接続

図 1.4 三相交流起電力

角度で固定子鉄心の溝の中に埋め込み，各コイルの端子 a′，b′，c′ を一括接続すると，図 1.3(a) のようになる．これを**星形 (Y) 結線**という．これに対し，図 1.3(b) のような接続を**三角 (Δ) 結線**という．

回転磁極（NS の 2 極）を原動機で時計方向に角速度 ω [rad/s] で回転させると，図 1.2(b) の ⊕⊙ の方向に起電力を誘起する．1 回転すると，図 1.4 のように**三相交流起電力**を誘起することになる．これらの瞬時起電力 e_a，e_b，e_c は，E_m を最大電圧として

$$\left.\begin{aligned} e_a &= E_m \sin\omega t \\ e_b &= E_m \sin(\omega t - 120°) \\ e_c &= E_m \sin(\omega t - 240°) \end{aligned}\right\} \tag{1.1}$$

で表される．

1.4 対称三相交流の電圧と電流

図 1.4 の**三相交流電圧**は，最大値 E_m のベクトル三つを図 1.5(a) のように 120° $\left(\frac{2\pi}{3}\right)$ の**位相差**で配置し，a 相を横軸 (x) に一致させたものである．この y 軸に直角方向から光を当て，ともに反時計方向に回転させながら各ベクトルの y 軸への正射影をプロットしていくと，図 1.5(b) のような**対称三相交流電圧**が得られる．しかも，交流の電圧計および電流計は実効値を指示するため，これら実効値のベクトルを用いると計算が非常に便利となる．

図 1.5(a) のフェーザ図において，a，b，c 各相の電圧の実効値のベクトル $\dot{E}_a$，$\dot{E}_b$，$\dot{E}_c$ は，$\dot{E}_a$ を基準とすれば，次式で表される．

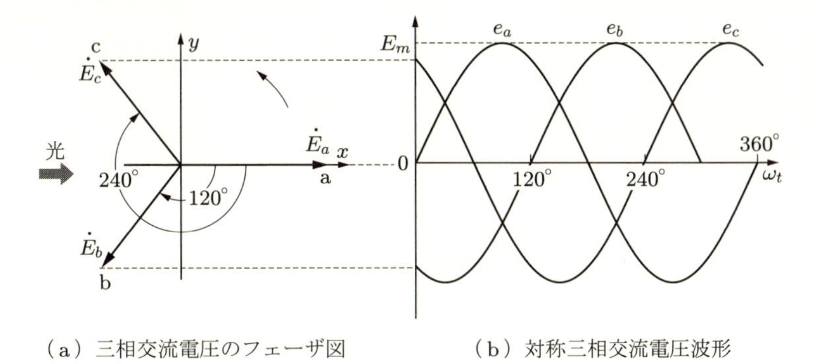

（a）三相交流電圧のフェーザ図　　（b）対称三相交流電圧波形

図 1.5　対称三相交流電圧

$$\left.\begin{aligned}\dot{E}_a &= Ee^{j0^\circ} = E\\ \dot{E}_b &= Ee^{-j120^\circ} = Ee^{j240^\circ} = E\left(-\frac{1}{2} - j\frac{\sqrt{3}}{2}\right) = \alpha^2 E\\ \dot{E}_c &= Ee^{-j240^\circ} = Ee^{j120^\circ} = E\left(-\frac{1}{2} + j\frac{\sqrt{3}}{2}\right) = \alpha E\end{aligned}\right\} \quad (1.2)$$

ここで，

$$\alpha = e^{j120^\circ} = e^{-j240^\circ} = -\frac{1}{2} + j\frac{\sqrt{3}}{2}$$

$$\alpha^2 = e^{j240^\circ} = e^{-j120^\circ} = -\frac{1}{2} - j\frac{\sqrt{3}}{2}$$

は**ベクトルオペレータ**とよばれ，

$$1 + \alpha^2 + \alpha = 0 \quad (1.3)$$

の関係がある．α^2，α はともに絶対値は 1 であり，これらを掛けてもベクトルの大きさは変化せず，それぞれ位相を 120°，240° と進めることになる．

以上は，対称三相交流電圧の発生について述べたが，この平衡三相電圧を図 1.6 のように**平衡三相 Y 形負荷**に加えると，各相電流 $\dot{I}_a$，$\dot{I}_b$，$\dot{I}_c$ は**平衡三相電流**となり，電源側の中性点 O と負荷側の中性点 O′ を接続しても，O，O′ 間の電流 I_N は零となる．実際，それはつぎのように確かめられる．

$$\dot{I}_a = I, \qquad \dot{I}_b = \alpha^2 I, \qquad \dot{I}_c = \alpha I$$

$$\therefore \quad \dot{I}_N = \dot{I}_a + \dot{I}_b + \dot{I}_c = I(1 + \alpha^2 + \alpha) = 0 \quad (1.4)$$

三相回路は三つの単相回路から成り立ち，図 1.6 からわかるように，**平衡三相回路**

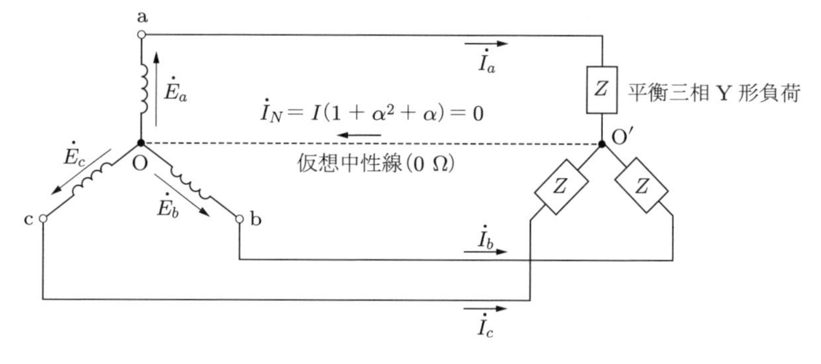

図 1.6　平衡三相回路

であれば O，O′ 間に電流は流れない．したがって，三相回路の電流や電圧を計算するときは，ここに仮想的に 0 Ω の電線を張ったと考えた（**仮想中性線**）一相分について計算し，「三相電力」ならば「3 倍」すればよい．

1.5　Y 結線と Δ 結線の電圧と電流

三相回路における電源の**結線方法**には，図 1.7(a) のような **Y 結線**（スター結線または星形結線）と図 (b) のような **Δ 結線**（デルタ結線または三角結線）の 2 種類が用いられる．図中の矢印は，電圧および電流の正方向を表す．

図 1.7(a) の Y 結線においては，**相電流** $\dot{I}_a$，$\dot{I}_b$，$\dot{I}_c$ はそのまま**線電流**となることがわかる．a, b 間の**線間電圧** $\dot{V}_{ab}$ は，a 相と b 相の**相電圧** $\dot{E}_a$，$\dot{E}_b$ のベクトルの差だから，図 1.8 のようになり，つぎのように計算できる．

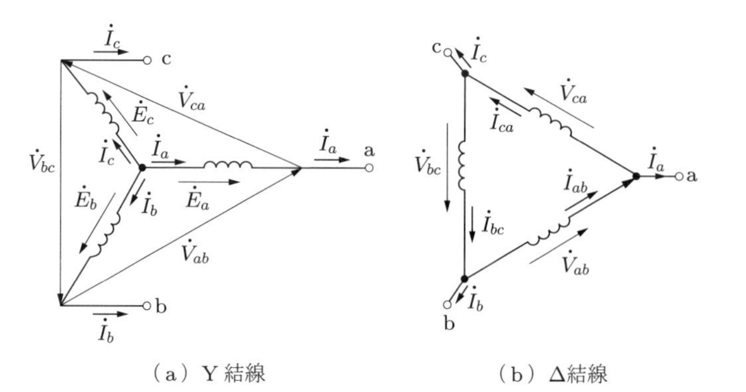

図 1.7　Y 結線と Δ 結線

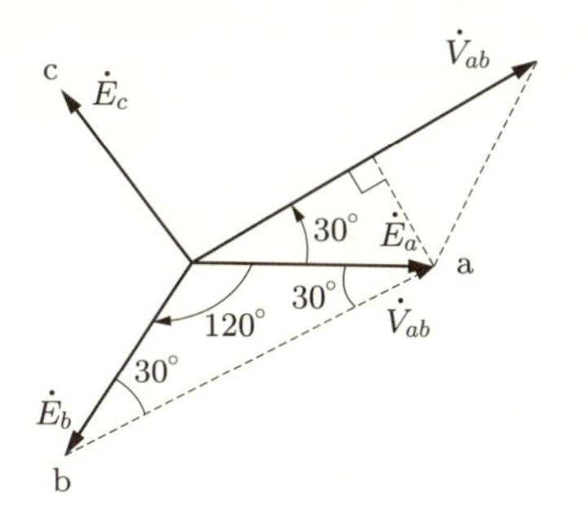

図 1.8　Y 結線の相電圧と線間電圧

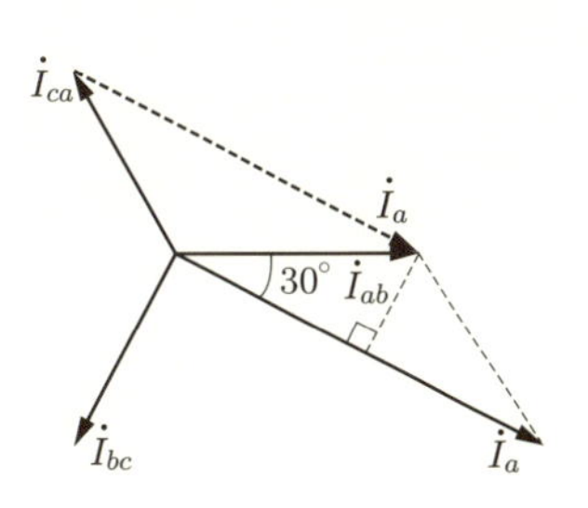

図 1.9　Δ 結線の相電流と線電流

$$\dot{V}_{ab} = \dot{E}_a - \dot{E}_b$$
$$= E(1 - \alpha^2) = \sqrt{3}Ee^{j30°} \quad (1.5)$$

すなわち，a 相を基準ベクトルにとると，線間電圧 $\dot{V}_{ab} = \dot{V}$ は，相電圧 $\dot{E}_a = \dot{E}$ より 30° $\left(\frac{\pi}{6}\right)$ 位相が進み，大きさは

$$\dot{V}_{ab} = \dot{V} = 2\dot{E}\cos 30° = \sqrt{3}\dot{E} \quad (1.6)$$

となる．

b，c 間の線間電圧 $\dot{V}_{bc}$ や c，a 間の線間電圧も，$\dot{V}_{ca}$ と同様にして求められる．

図 1.7(b) の Δ 結線においては，線間電圧 $\dot{V}$ は相電圧に等しく，a 端子の線電流 $\dot{I}_a$ は相電流 $\dot{I}_{ab}$ と $\dot{I}_{ca}$ のベクトル差であるから，図 1.9 のベクトル図より

$$\dot{I}_a = \dot{I}_{ab} - \dot{I}_{ca} = \sqrt{3}Ie^{-j30°} \quad (1.7)$$

となる．ここで，$\dot{I}$ は相電流 $\dot{I} = \dot{I}_{ab} = \dot{I}_{bc} = \dot{I}_{ca}$ であり，線電流は相電流の $\sqrt{3}$ 倍で，位相は a 相の相電流 $\dot{I}_{ab}$ より 30° 遅れている．b 相および c 相の端子の線電流 $\dot{I}_b$ および $\dot{I}_c$ も，同様に求めることができる．

1.6　単相・平衡三相回路の有効，無効，皮相電力

（1）　単相負荷の有効，無効，皮相電力

図 1.10 のような**単相負荷**の端子に正弦波の電圧 e を加えたとき，流れる電流を i とすれば，これらは一般に次式で表される．

$$\left.\begin{aligned} e &= \sqrt{2}E\sin\omega t \\ i &= \sqrt{2}I\sin(\omega t - \theta) \end{aligned}\right\} \quad (1.8)$$

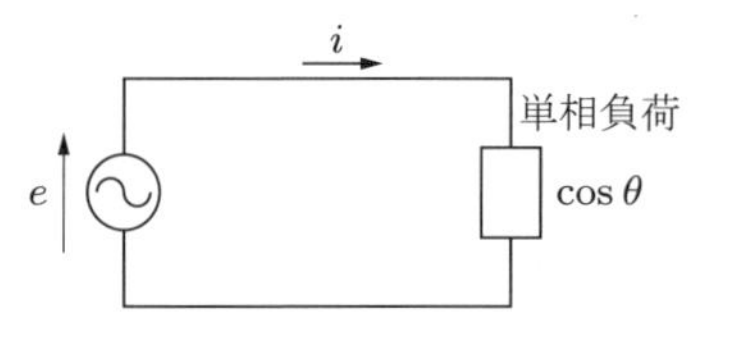

図 1.10　単相回路

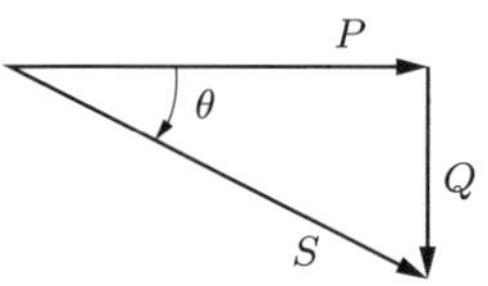

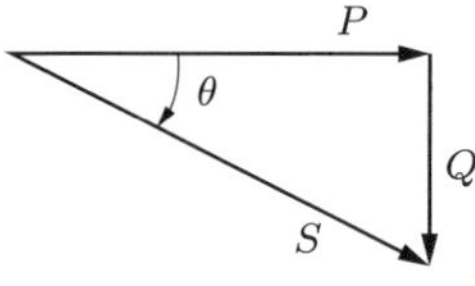

図 1.11　電力の三角形

ここで, E と I は電圧と電流の実効値で, $\sqrt{2}$ 倍することで最大値となる．また, $\omega = 2\pi f$ [rad/s] は角周波数であり，θ は位相角である．この式により，電流は電圧に比べて位相が θ だけ遅れるのがわかる．

この負荷の有効電力（平均電力）P を計算すると，次式が得られる．

$$P = \frac{1}{2\pi}\int_0^{2\pi} eid\omega t = EI\cos\theta \tag{1.9}$$

式 (1.9) は，電力の直角三角形を想像させる．実際，**有効電力** P [W]，**遅れ無効電力** Q [Var]，**皮相電力** S [VA] は，図 1.11 のような関係として，

$$\left.\begin{aligned} P &= EI\cos\theta \ \ \text{[W]} \\ Q &= EI\sin\theta \ \ \text{[Var]} \\ S &= EI \qquad\ \ \text{[VA]} \end{aligned}\right\} \tag{1.10}$$

で与えられる．

上式 (1.10) より得られる $\cos\theta = \dfrac{P}{S}$ を**負荷の力率**（りきりつ）という．一定の電力 P において，力率角 θ が零に近づくに従って皮相電力 S は小さくなるが，これは電流が小さくなることを示している．

（2）　平衡三相負荷の有効，無効，皮相電力

図 1.12(a) のように，Y 結線の三相負荷の線間電圧を V [V]，線電流を I_L [A]，負荷の力率が $\cos\theta$ のときの三相負荷の有効電力 P_Y，無効電力 Q_Y，皮相電力 S_Y は，1.4 節で述べたように，端子と仮想中性線間の一相の電力を求めて 3 倍すればよい．

$$\left.\begin{aligned} P_Y &= 3\frac{V}{\sqrt{3}}I_L\cos\theta = \sqrt{3}VI_L\cos\theta \ \ \text{[W]} \\ Q_Y &= 3\frac{V}{\sqrt{3}}I_L\sin\theta = \sqrt{3}VI_L\sin\theta \ \ \text{[Var]} \\ S_Y &= 3\frac{V}{\sqrt{3}}I_L \qquad\ \, = \sqrt{3}VI_L \qquad\ \ \text{[VA]} \end{aligned}\right\} \tag{1.11}$$

つぎに，Δ 結線においては図 1.12(b) より，相電圧は線間電圧 V に等しく，相電流

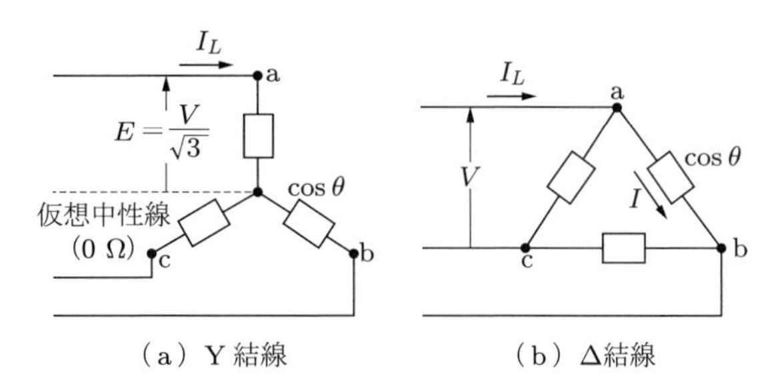

（a）Y結線　　（b）Δ結線

図 1.12　平衡三相負荷

I は式 (1.7) より $\dfrac{I_L}{\sqrt{3}}$ となるので，三相負荷の有効電力 P_Δ，無効電力 Q_Δ，皮相電力 S_Δ は，一相の電力を求めて 3 倍すればよい．すると，

$$\left.\begin{aligned} P_\Delta &= 3VI\cos\theta = \sqrt{3}VI_L\cos\theta \ [\mathrm{W}] \\ Q_\Delta &= 3VI\sin\theta = \sqrt{3}VI_L\sin\theta \ [\mathrm{Var}] \\ S_\Delta &= 3VI \qquad\quad = \sqrt{3}VI_L \qquad\ \ [\mathrm{VA}] \end{aligned}\right\} \tag{1.12}$$

となり，式 (1.11) と同じとなる．

1.7 ベクトル電力

図 1.13 のように，電圧の実効値のベクトル $\dot{E}$ と電流の実効値のベクトル $\dot{I}$ とが基準（実数軸）に対してそれぞれ ϕ_1，ϕ_2 の位相角をもつとき，有効電力 P，無効電力 Q を計算する．電圧のベクトル $\dot{E}$ に電流のベクトルの共役値 $\overline{\dot{I}}$ を掛けるか，または，電流のベクトル $\dot{I}$ に電圧のベクトルの共役値 $\overline{\dot{E}}$ を掛けることによって，次式のように求められる．

$$\dot{E}\overline{\dot{I}} = Ee^{j\phi_1}Ie^{-j\phi_2}$$

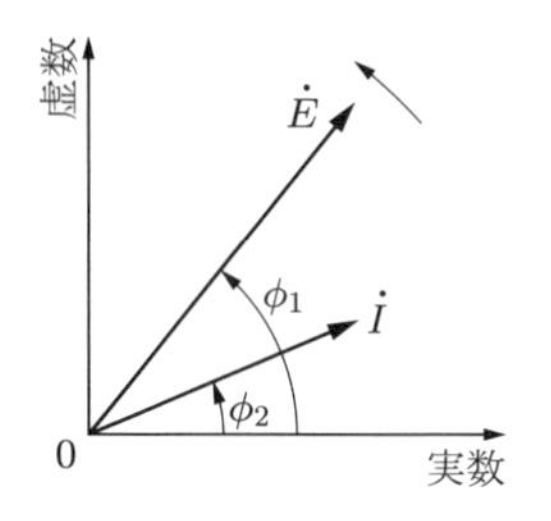

図 1.13　電圧電流の実効値のベクトル

$$
\begin{aligned}
&= EIe^{j(\phi_1-\phi_2)} = EI\cos(\phi_1-\phi_2) + jEI\sin(\phi_1-\phi_2) \\
&= P + jQ \qquad (1.13)
\end{aligned}
$$

$$
\begin{aligned}
\overline{\dot{E}}\dot{I} &= Ee^{-j\phi_1}Ie^{j\phi_2} \\
&= EIe^{-j(\phi_1-\phi_2)} = EI\cos(\phi_1-\phi_2) - jEI\sin(\phi_1-\phi_2) \\
&= P - jQ \qquad (1.14)
\end{aligned}
$$

図 1.13 をみると，電流 $\dot{I}$ は電圧 $\dot{E}$ より遅れているので，遅れ無効電力で式 (1.14) に合致しているが，式 (1.13) は**進み無効電力**を表していることに注意する必要がある．

演習問題

1.1　送配電線路の配電電圧の区分を述べよ．

1.2　図 1.5 の三相交流電圧の波形をみて，a 相に中性点から端子方向に最大電圧 E_m を誘起しているとき，b 相および c 相の誘導起電力の値と方向を述べよ．また，平衡三相抵抗負荷のときの電流についてはどうか．

1.3　三相同期交流発電機の電機子コイルの巻線は Y 結線が採用される理由について述べよ．

1.4　10 kVA の単相変圧器 3 台を Δ 結線として全負荷運転（出力端子に定格負荷が接続されている状態）すると，何 kVA まで負荷しうるか．また，1 台が故障したので取り外し，残り 2 台で V 結線（問図 1.1 参照．詳しくは第 2 章で述べる）としたとき，いくらまで負荷制限しなければならないか．

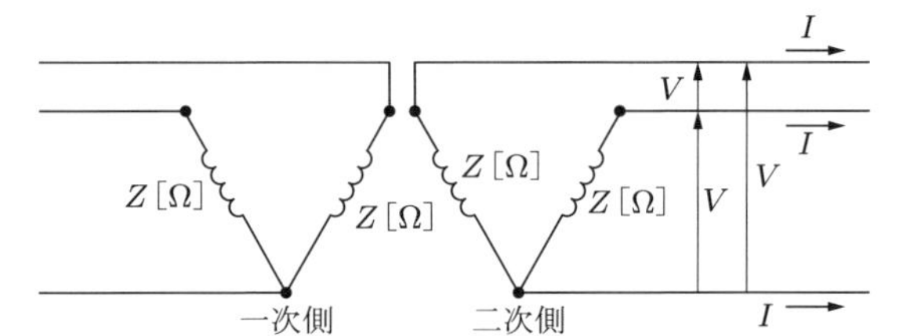

問図 1.1

1.5　電圧 $\dot{E} = e_1 + je_2$ と電流 $\dot{I} = i_1 + ji_2$ の間の電力および位相差を求めよ．

2 配電方式と変圧器

配電における電線路のつなぎ方を**配電方式**という．配電方式には，電流に交流を用いる交流式と，直流を用いる直流式に大別されるが，わが国の配電系統は，そのほとんどが交流式である．本章では，交流式の配電方式について，代表的な方法をまとめて解説する．

配電線路上では，変圧器がもっとも多く接続される電気機器であり，変圧器の特性や変圧器の設備容量，稼働率などの計算方法を理解しておくことが，設備電力を把握するうえでとても重要である．また，配電線路上では多様化する負荷の接続により障害も生じることも知っておかなければならない．この章では，変圧器の等価回路や変圧器における需要率，不等率および負荷率などについても述べるとともに，配電線路上での障害の一つであるフリッカの問題について述べる．

2.1 配電線路の配電方式

一般の需要家側からみると，**電灯負荷**の電圧は単相 100 V で，三相の**電動機負荷**の電圧は 200 V である．低圧の配電線路で採用されている配電方式を図 2.1 に示す．なお，ここでは線路電圧を V，線路電流を I，力率を $\cos\phi$ とした．

電灯負荷用の配電方式としては，図 2.1(a) の**単相 2 線式**か，図 (b) の**単相 3 線式**が一般的である．**三相 3 線式**の動力負荷に対しては，三相変圧器を用いるか，図 (c) のように単相変圧器 3 台を Δ 結線とするか，または図 (d) のように単相変圧器 2 台を V 結線として，電力を供給する．また，経済性を考慮して，図 (e) の**電灯動力共用方式**も用いられることもある．高層ビルや大口需要家が 20 kV および 33 kV 級で受電する場合は，図 (f) のように**中性点**を接地した方式が採用されている．

図 2.1(b) と図 (f) は同一回線で，線間電圧と相電圧との両方の電圧を利用できるため，一般的な配電の大部分に用いられている．

なお，図中 B の記号は，高低圧混触による危険防止のための B 種接地工事を表している．これについては 4.5 節で説明する．

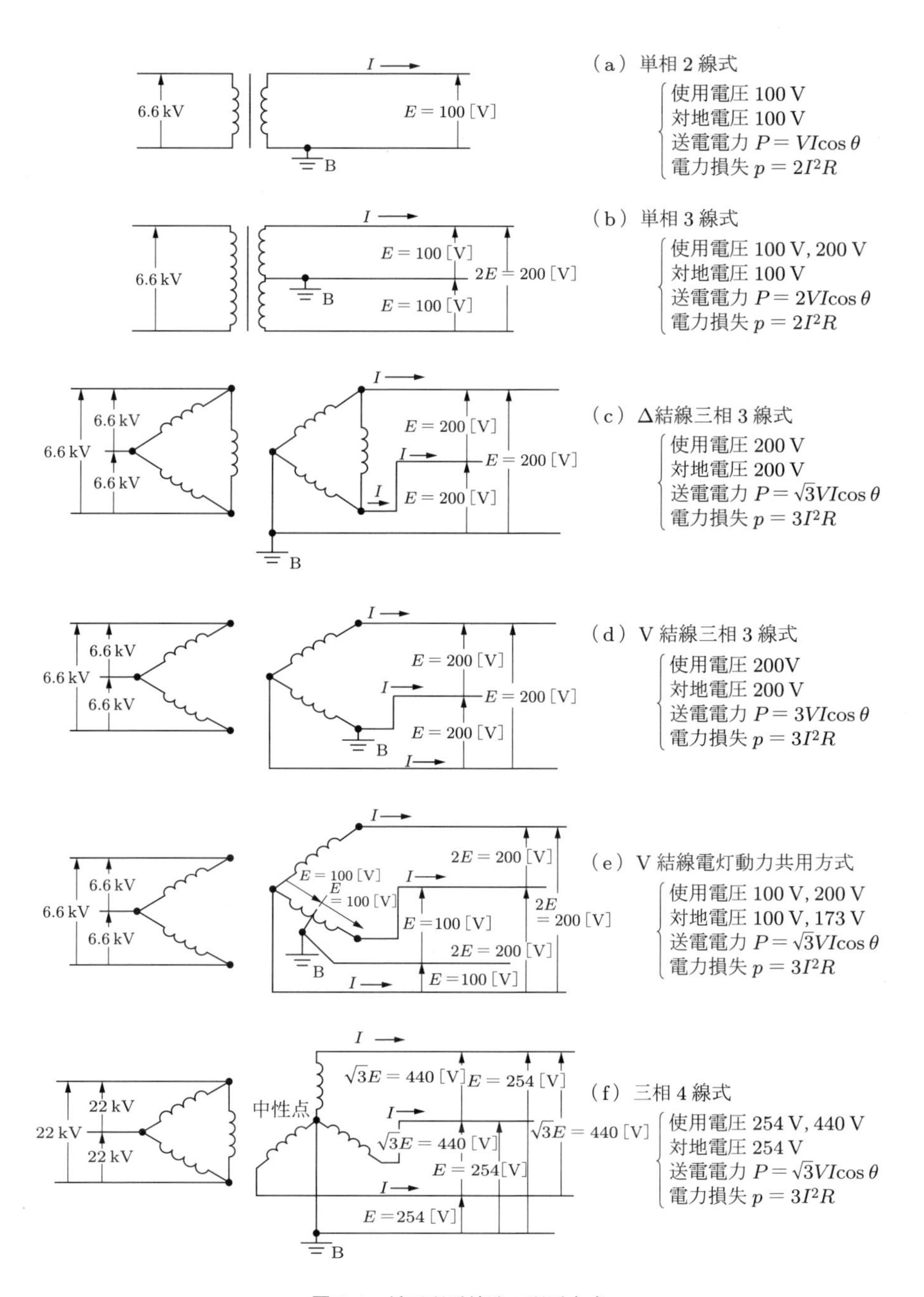

図 2.1　低圧配電線路の配電方式

2.2 変圧器の等価回路

配電線路に接続される機器のうちもっとも多いものの一つが，電圧を昇降させる**変圧器**である．したがって，これについて徹底して理解する必要がある．

図 2.2 のように，けい素鋼板の成層鉄心に**一次巻線**（**高圧側**）巻数 N_1 回，**二次巻線**（**低圧側**）巻数 N_2 回を巻き，二次側（低圧側）のスイッチ S を開いた状態で，一次側（高圧側）に正弦波の実効値 E_1 の電圧を加える．このとき，鉄心内に生じる磁束の瞬時値を $\phi = \Phi_m \sin \omega t$ とし，漏れ磁束がなく，巻線の抵抗や鉄心の損失が無視できるような**理想的な変圧器**を考える．すると，N_1 の端子電圧の瞬時値 e_1 は

$$e_1 = N_1 \frac{d\phi}{dt} = \omega N_1 \Phi_m \cos \omega t$$

$$= \omega N_1 \Phi_m \sin\left(\omega t + \frac{\pi}{2}\right)$$

$$\therefore \quad E_1 = \frac{\omega N_1 \Phi_m}{\sqrt{2}} \tag{2.1}$$

となる．同様にして，N_2 の端子電圧の瞬時値は $e_2 = N_2 \dfrac{d\phi}{dt}$ であるから，N_2 の端子電圧の実効値 E_2 は

$$E_2 = \frac{\omega N_2 \Phi_m}{\sqrt{2}} \tag{2.2}$$

となる．したがって，

$$\frac{E_1}{E_2} = \frac{N_1}{N_2} = a \tag{2.3}$$

が得られる．ここで，a を**巻数比**という．

つぎに，二次側のスイッチ S を閉じたときの負荷電流の実効値を I_2 とすれば，起磁力 $N_2 I_2$ により磁束の実効値 ϕ_2 が生じ，これは一次側の巻数 N_1 と鎖交する．一次側の端子電圧 E_1 は一定であるから，式 (2.1) より鉄心内の磁束 Φ_m は一定である．

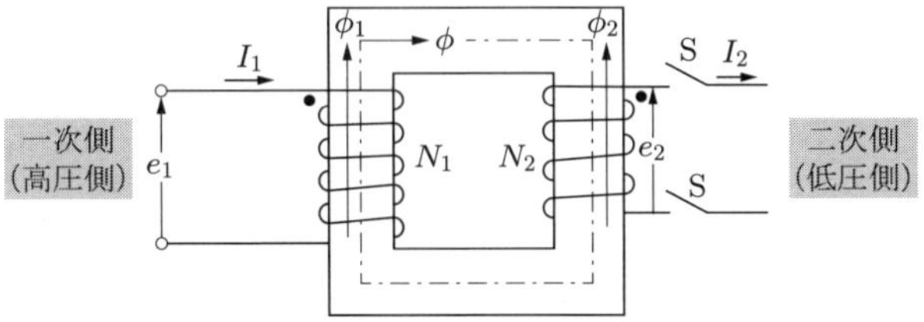

図 2.2　理想的な変圧器

したがって，ϕ_2 の磁束を打ち消すように一次側に電流 I_1 が流入し，起磁力 $N_1 I_1$ により磁束 ϕ_1 が生じる．鉄心の磁気抵抗を R_m とすると，次式のようになる．

$$\phi_2 = \frac{N_2 I_2}{R_m}, \qquad \phi_1 = \frac{N_1 I_1}{R_m}$$

$$\phi_1 = \phi_2 \qquad \therefore \quad N_2 I_2 = N_1 I_1 \tag{2.4}$$

式 (2.3) と (2.4) を組み合わせると

$$\frac{E_1}{E_2} = \frac{N_1}{N_2} = \frac{I_2}{I_1} = a \tag{2.5}$$

が成立する．すなわち，一次側の電力と二次側の電力は相等しく，片方の電圧および電流は，他方の電圧と電流と巻数比によって決まることがわかる．

さて，ここまでは理想的な変圧器を考えてきたが，実際には変圧器の一次，二次巻線の**漏れ磁束**，**巻線の抵抗**および**鉄心中の損失**や**励磁電流**は完全には無視できない．

いま，一次および二次巻線の抵抗をそれぞれ r_1，r_2 とし，漏れ磁束による一次，二次巻線のインダクタンスを L_{l1}，L_{l2} とすれば，一次および二次側の電圧降下 $\Delta\dot{E}_1{}'$，$\Delta\dot{E}_2{}'$ は次式で表すことができる．

$$\Delta\dot{E}_1{}' = \dot{I}_1 r_1 + j\omega L_{l1}\dot{I}_1, \qquad \Delta\dot{E}_2{}' = \dot{I}_2 r_2 + j\omega L_{l2}\dot{I}_2$$

$\Delta\dot{E}_2{}'$ を一次側に換算した変圧器の電圧降下 $\Delta\dot{E}_1$ は

$$\begin{aligned}\Delta\dot{E}_1 = \Delta\dot{E}_1{}' + a\Delta\dot{E}_2{}' &= \dot{I}_1 r_1 + j\omega L_{l1}\dot{I}_1 + ar_2 a\dot{I}_1 + ja\omega L_{l2} a\dot{I}_1 \\ &= (r_1 + a^2 r_2)\dot{I}_1 + j\omega(L_{l1} + a^2 L_{l2})\dot{I}_1\end{aligned}$$

である．よって，一次側（高圧側）からみた変圧器のインピーダンス $\dot{Z}_1$ は

$$\dot{Z}_1 = \frac{\Delta\dot{E}_1}{\dot{I}_1} = (r_1 + a^2 r_2) + j\omega(L_{l1} + a^2 L_{l2}) \tag{2.6}$$

となる．

ここで，鉄損の抵抗を R_i，励磁リアクタンスを X_m とおけば，一次側に換算した簡易等価回路は図 2.3 で表すことができる．ここで，I_0 は励磁電流で，I_{0w} は鉄損電流を，I_{0m} は磁化電流を表す．

同様にして，二次側に換算した簡易等価回路は図 2.4 で表すことができる．

すなわち，二次側からみた変圧器のインピーダンス $\dot{Z}_2$ は

$$\dot{Z}_2 = \frac{\Delta\dot{E}_2}{\dot{I}_2} = \left(\frac{r_1}{a^2} + r_2\right) + j\omega\left(\frac{L_{l1}}{a^2} + L_{l2}\right) \tag{2.7}$$

となる．式 (2.6) と (2.7) の比をとると

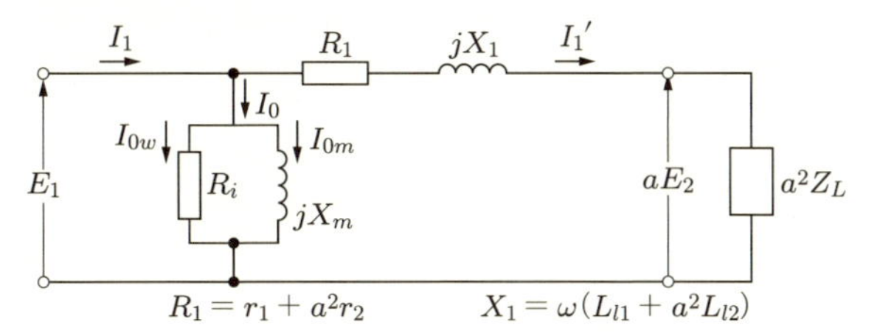

図 2.3　一次側からみた簡易等価回路

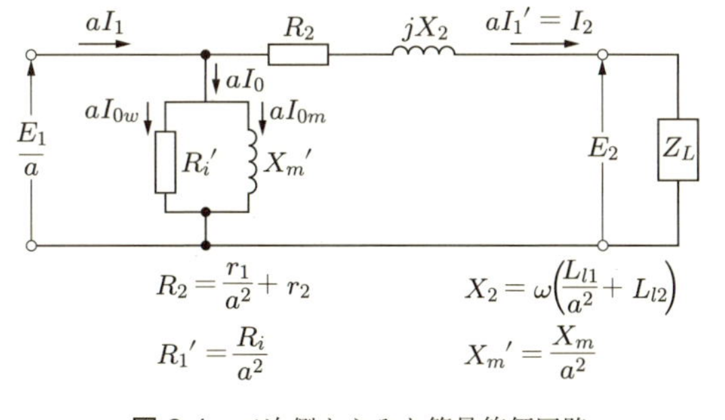

図 2.4　二次側からみた簡易等価回路

$$\frac{\dot{Z}_1}{\dot{Z}_2} = \frac{(r_1 + a^2 r_2) + j\omega(L_{l1} + a^2 L_{l2})}{\left(\frac{r_1}{a^2} + r_2\right) + j\omega\left(\frac{L_{l1}}{a^2} + L_{l2}\right)} = a^2 \tag{2.8}$$

となり，変圧器のインピーダンスをオーム値で表すと，一次側，二次側からそれぞれ測定した値は異なることに注意する必要があることがわかる．

 2.3 需要率

需要家に設備されている**設備容量**のうち，最大いくらまで使われているか，実際に使われている**最大需要電力** [kW] と設備容量 [kW] との比を**需要率**という．

$$需要率 = \frac{最大需要電力\ [\mathrm{kW}]}{設備容量\ [\mathrm{kW}]} \times 100\ [\%] \tag{2.9}$$

2.4 不等率

需要家それぞれにかかる最大需要電力は，一般に時間的にずれている．したがって，需要家を総合したときの最大需要電力は，それぞれの需要家の最大需要電力の和（算

術和）より小さくなる．両者の違いの度合いを表すのが，次式で定義される**不等率**であり，これは 1 より大きくなる．

$$\text{不等率} = \frac{\text{各最大需要電力の和 [kW]}}{\text{総合したときの最大需要電力 [kW]}} \qquad (2.10)$$

例題 2.1 図 2.5 のように，需要家 A，B の設備電力を，それぞれ 10 kW と 20 kW とする．需要家 A の需要率を 0.8，需要家 B の需要率を 0.6 とし，需要家 A，B 間の不等率を 1.2 とすれば，変圧器 T の容量はいくらのものを設置すればよいか．

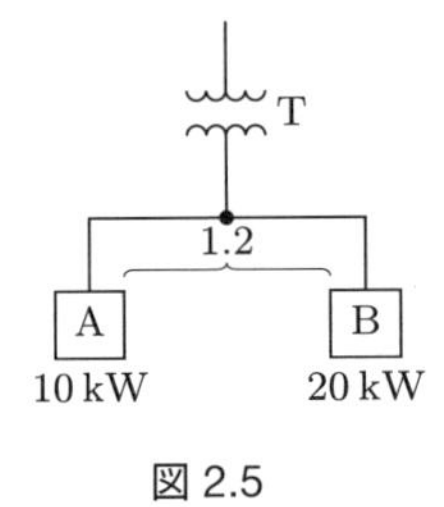

図 2.5

解答 需要家 A の最大需要電力 P_{A} は，式 (2.9) より，$P_{\mathrm{A}} = 10 \times 0.8 = 8$ [kW] となる．同様にして，需要家 B の最大需要電力 P_{B} は，$P_{\mathrm{B}} = 20 \times 0.6 = 12$ [kW] となる．変圧器 T の容量は，需要家 A，B の総合最大需要電力 P_{AB} より決定すればよい．P_{AB} は，需要家 A，B 間の不等率が 1.2 であるから，式 (2.10) を用いてつぎのようになる．

$$P_{\mathrm{AB}} = \frac{8 + 12}{1.2} = 16.6 \text{ [kW]}$$

よって，16.6 kW を超える最小の標準容量の変圧器を設備すればよいので，20 kVA の変圧器を設置する．

2.5 負荷率

需要家や変電所などに関して，ある期間中の平均電力と最大電力との比として，次式で表される**負荷率**がある．

$$\text{負荷率} = \frac{\text{ある期間中での負荷の平均電力 [kW]}}{\text{ある期間中での負荷の最大電力 [kW]}} \times 100 \text{ [\%]} \qquad (2.11)$$

電源側の設備は負荷の最大電力に対応して設置されるので，負荷の電力は，最大電力に近い値で利用すれば負荷率は向上することになる．

負荷率を表す期間のとり方によって，**日負荷率**，**週負荷率**，**月負荷率**，**年負荷率**などがある．また，負荷の変動状況を時間的に表した曲線を**負荷曲線**という．図 2.6 は日負荷曲線の一例を示したもので，P_m は最大電力を，P_a は平均電力を表す．

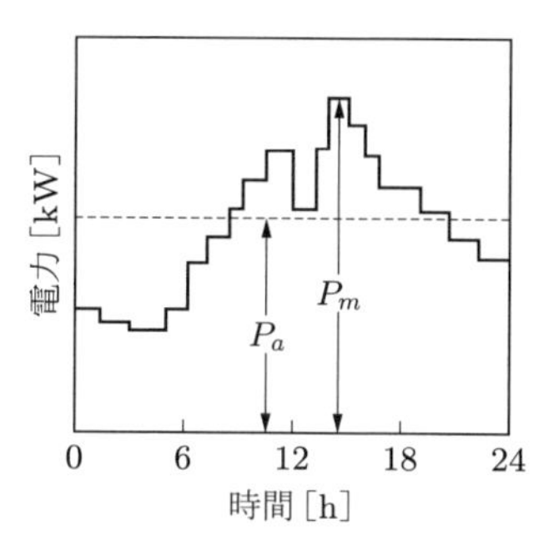

図 2.6 日負荷曲線

2.6 変圧器の全日効率

1 日の中で，変電所の変圧器などがどのように稼動されているかを表す指標として，次式で定義される**全日効率**がある．

$$\text{全日効率} = \frac{\text{変圧器の 1 日中での出力電力量 [kWh]}}{\text{変圧器の 1 日中での入力電力量 [kWh]}} \times 100\ [\%] \quad (2.12)$$

変圧器の内部の損失としては，図 2.3 の変圧器の簡易等価回路からもわかるように，**銅損**と**鉄損**がある．銅損は巻線抵抗 (R_1) に流れる電流の 2 乗，すなわち，負荷の電力の 2 乗に比例する．また，鉄損は負荷に関係なく，電圧 (E_1) が一定であれば，鉄損抵抗 (R_i) を流れる電流 I_{0w} が一定であるため，一定である．

したがって，変圧器の入力電力量は，出力電力量に銅損電力量と鉄損電力量を加えたものに等しい．

例題 2.2 容量 5 kVA の単相柱上変圧器（柱上トランスともいう）が 1 台ある．これにかかるある日の負荷が，5 kW が 8 時間，1 kW が 16 時間であるとき，この変圧器の日負荷率および全日効率を求めよ．ただし，負荷の力率は 100 %，変圧器の全負荷時の銅損を 100 W，鉄損を 50 W とし，また，変圧器にかかる電圧は一定で不変とする．

解答 変圧器の二次側の 1 日の出力電力量 W_2 は

$$W_2 = 5 \times 8 + 1 \times 16 = 56\ [\text{kWh}]$$

である．したがって，1 日中の平均電力 P_a は $P_a = \frac{56}{24} = \frac{7}{3}$ [kW] で，1 日中の最大電力 $P_m = 5$ [kW] であるから，日負荷率は式 (2.11) より，つぎのようになる．

$$\text{日負荷率} = \frac{P_a}{P_m} \times 100 = \frac{\frac{7}{3}}{5} \times 100 = 46.7\ [\%]$$

変圧器にかかる電圧が一定ならば，銅損は負荷電流の 2 乗，すなわち負荷の電力の 2 乗に比例するので，1 日中の損失電力量は

$$W_c = 100 \times 8 + \left\{ 100 \times \left(\frac{1}{5} \right)^2 \times 16 \right\} = 864\ [\mathrm{Wh}] = 0.864\ [\mathrm{kWh}]$$

となる．鉄損は負荷電流に関係なく，電圧が一定ならば一定であるから，1 日の鉄損電力量 W_i は

$$W_i = 50 \times 24 = 1200\ [\mathrm{Wh}] = 1.2\ [\mathrm{kWh}]$$

となる．よって，変圧器の全日効率 η は，式 (2.12) より，つぎのようになる．

$$\eta = \frac{W_2}{W_c + W_i + W_2} \times 100 = \frac{56}{0.864 + 1.2 + 56} \times 100 = \frac{56}{58.064} \times 100 = 96.4\ [\%]$$

2.7 配電線路での障害

送配電線にアーク炉，溶接機，製鉄用の圧延設備などの変動負荷を接続させると，その負荷電流による線路の電圧降下のために電圧変動が発生する．近年普及が進んでいる太陽光発電においては，太陽光発電設備を有する配電線路内で停電が発生した場合，太陽光パネルで発電した直流電力を交流電力に変換するパワーコンディショナ（PCS）の発電設備を配電線路から切り離す保護機能により，無効電力を配電線路に注入することで電圧変動が発生する．この電圧変動は頻繁に繰り返されると，電灯や蛍光灯の明るさにちらつきやテレビ画面の動揺が生じ，それが著しい場合は，人に不快感を与える．このような電圧変動を電圧**フリッカ**とよんでいる．

フリッカ対策には以下のようなものがあげられる．

- 交流から直流へ変換するなどの負荷変動の少ない運転条件にする．
- 発生源への供給を，短絡容量の大きな電源系統に変更し，専用線あるいは専用変圧器で行う．
- 電源側に直列コンデンサおよび負荷側に，無効電力を遅れから進みまで連続的に調整する静止形無効電力補償装置（SVC）などを挿入する．
- 直列にリアクタンスを変化させることで交流電源から負荷に与える電圧・電流を制御できる可飽和リアクトルを変圧器に挿入する．

- アーク炉負荷などの大きなフリッカが発生する場合は，1相あたりに三つの巻線をもつ三巻線補償変圧器を設置する．

演習問題

2.1　需要率，不等率および負荷率の定義を示せ．

2.2　配電用変圧器の全日効率について説明せよ．

2.3　定格容量 100 kVA の単相変圧器 4 台を用いて，平衡三相負荷に電力を供給するときの最大電力と，その結線法を示せ．

2.4　ある需要家の 20 kW の電動機 5 台，容量 25 kW の電熱器 4 台および 100 W の照明灯 100 台の最大需要電力を測定すると，200 kW である．この需要家の需要率を求めよ．

2.5　ある配電用変圧器に接続されている工場の設備容量が 500 kW であり，この需要率が 75％ で，電動機の負荷相互間の不等率が 1.42 である．この変圧器の合成最大需要電力を求めよ．

3 配電線路の計算

配電線路で故障や事故が起こると，電線路の取り替えや修繕が必要となる．そのため，配電線路を維持管理するうえでは，線路に使用する電線の量や，配電線路の電力損出および力率改善などを理解しておく必要がある．この章では，単相 2 線式交流配電線路での電圧降下，各種配電方式における所用電線量などの計算方法，配電線路の電力損出および力率改善のための計算法について述べる．

3.1 交流配電線路の電圧降下

図 3.1(a) は，1 線の抵抗 r，誘導リアクタンス x の線路の末端に力率 $\cos\theta$（遅れ）の電力 P が接続された**単相配電線路**を示したものである．送電端の電圧（送電端電圧）を $\dot{E}_s$，受電端の電圧（受電端電圧）を $\dot{E}_r$ とおけば，線路電流 $\dot{I}$ は共通であるから，これと等価な配電線路は図 (b) のように表すことができる．

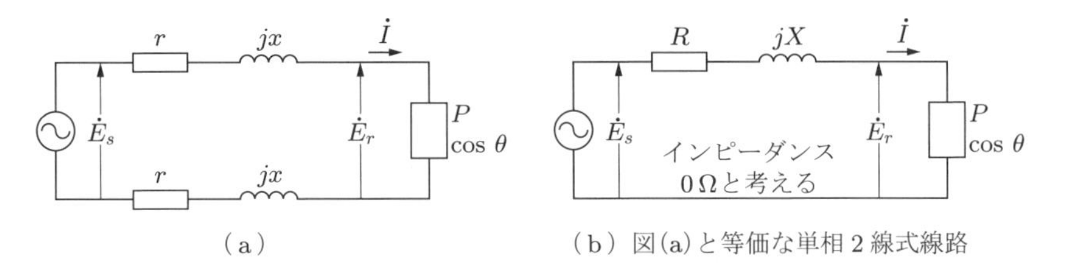

図 3.1　単相 2 線式線路

すなわち，$R = 2r$，$X = 2x$，電流の帰路の線路はインピーダンスが零の**理想的な電線**と考える．

いま，図 3.1(b) において，受電端の負荷の端子電圧 $\dot{E}_r$ を基準ベクトルとし，線路の電圧，電流のベクトル図を描くと図 3.2 のようになる．すなわち，電流 $\dot{I}$ は $\dot{E}_r$ より力率角 θ だけ遅れる．この $\dot{E}_r$ に線路のインピーダンス降下 $\dot{I}(R + jX)$ をベクトル的に加えると，送電端電圧 $\dot{E}_s$ が求められる．$\dot{E}_s$ の値を求めるために $\dot{E}_r$ および $\dot{E}_s$ の先端から電流 $\dot{I}$ のベクトルに垂線を下ろせば，これらは直角三角形を形成するので，

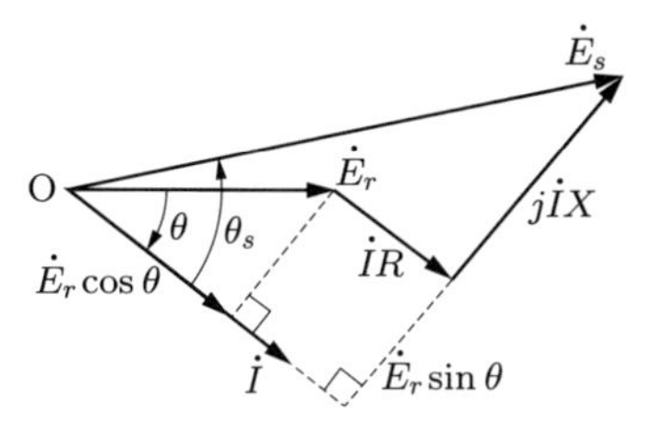

図 3.2　電圧電流のベクトル図

$$\dot{E}_s = \sqrt{(\dot{E}_r \cos\theta + \dot{I}R)^2 + (\dot{E}_r \sin\theta + \dot{I}X)^2} \tag{3.1}$$

となる．また，送電端の力率は，電圧 E_s と電流 I との間の位相角 θ_s の余弦であるから，

$$\cos\theta_s = \frac{\dot{E}_r \cos\theta + \dot{I}R}{\dot{E}_s} \tag{3.2}$$

で求められる．

式 (3.1) の正確な計算式に対して，実際は受電端電圧 $\dot{E}_r$ の延長上で求める**略算式**（近似）がよく用いられる．これは図 3.3 のように，図 3.2 の $\dot{E}_s$ を半径として円弧を描き，$\dot{E}_r$ の延長上の $\dot{I}R$ との交点と，$\dot{E}_s$ の先端からこれに垂線を下ろすと，この両者がほとんど一致することによるものである．

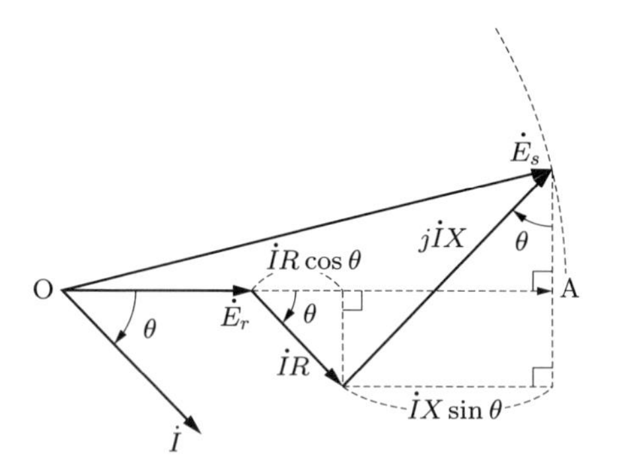

図 3.3　電圧 $\dot{E}_r$ を基準としたベクトル図

したがって，

$$\begin{aligned} \dot{E}_s &\fallingdotseq \overrightarrow{\mathrm{OA}} \\ &= \dot{E}_r + \dot{I}R\cos\theta + \dot{I}X\sin\theta \\ &= \dot{E}_r + \dot{I}(R\cos\theta + X\sin\theta) \end{aligned} \tag{3.3}$$

となるため，線路の電圧降下 v は $\dot{E}_s$ と $\dot{E}_r$ の差なので，

$$v = \dot{E}_s - \dot{E}_r = \dot{I}(R\cos\theta + X\sin\theta) \tag{3.4}$$

と表される．

また，三相 3 線式線路において，1 線あたりの抵抗 R，誘導リアクタンスを X とし，送電端および受電端の線間電圧をそれぞれ $\dot{V}_s$，$\dot{V}_r$ とおく．このとき，一相あたり図 3.4 のように示されるので，式 (3.3) を用いて

$$\frac{\dot{V}_s}{\sqrt{3}} = \frac{\dot{V}_r}{\sqrt{3}} + \dot{I}(R\cos\theta + X\sin\theta)$$

$$\therefore\quad \dot{V}_s = \dot{V}_r + \sqrt{3}\dot{I}(R\cos\theta + X\sin\theta) \tag{3.5}$$

がわかる．したがって，三相線路の電圧降下 v は $\dot{V}_s$ と $\dot{V}_r$ の差なので，

$$v = \dot{V}_s - \dot{V}_r = \sqrt{3}\dot{I}(R\cos\theta + X\sin\theta) \tag{3.6}$$

と表される．

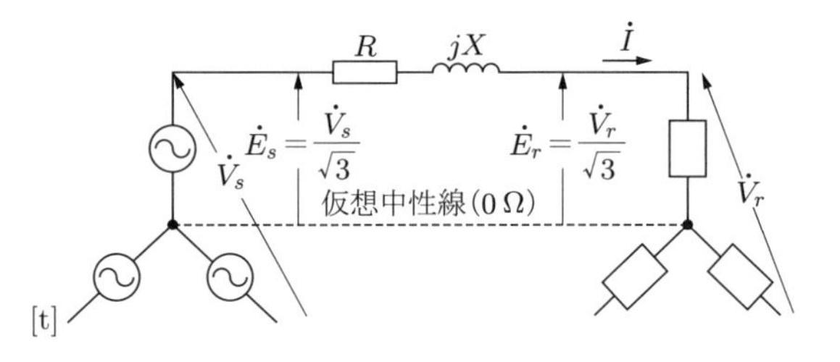

図 3.4　三相 3 線式線路の一相分

例題 3.1　単相 2 線式交流配電線路において，1 線あたりの抵抗 $r = 0.15$ [Ω]，リアクタンスが $x = 0.2$ [Ω] とする．負荷の端子電圧が 100 V，負荷電力が 1.6 kW，力率 $\cos\theta = 0.8$（遅れ）であるときの給電点の電圧を求め，略算式を用いた場合と比較せよ．

解答　図 3.1(a)，(b) の線路に当てはめて考えればよいので，単相 2 線式のため 2 線分の抵抗およびリアクタンスをそれぞれ求める．

$$R = 2r = 2 \times 0.15 = 0.3\ [\Omega], \qquad X = 2x = 2 \times 0.2 = 0.4\ [\Omega]$$

$$\text{負荷電流}\quad \dot{I} = \frac{1.6 \times 10^3}{100 \times 0.8} = 20\ [\text{A}]$$

給電点の電圧 $\dot{E}_s$ は，式 (3.1) より，つぎのようになる．

$$\dot{E}_s = \sqrt{(\dot{E}_r \cos\theta + \dot{I}R)^2 + (\dot{E}_r \sin\theta + \dot{I}X)^2}$$
$$= \sqrt{(100 \times 0.8 + 20 \times 0.3)^2 + (100 \times 0.6 + 20 \times 0.4)^2}$$
$$= \sqrt{86^2 + 68^2} = 110\ [\mathrm{V}]$$

つぎに，略算式 (3.3) を用いると，

$$\dot{E}_s = \dot{E}_r + \dot{I}(R\cos\theta + X\sin\theta)$$
$$= 100 + 20(0.3 \times 0.8 + 0.4 \times 0.6) = 100 + 9.6 = 110\ [\mathrm{V}]$$

となり，精密な計算とほぼ一致することがわかる．

例題 3.2 200 V，60 Hz，力率 80 %，効率 85 %，10 HP（馬力）の三相誘導電動機に，ある距離を経て配電しているときの，線路の電圧降下を計算せよ．ただし，線路の 1 線の抵抗を $R = 0.15$ [Ω]，リアクタンスを $X = 0.2$ [Ω] とする．

解答 題意の線路は，図 3.5 のようになる．三相誘導電動機 ($3\phi IM$) の効率は $\eta = 0.85$ であるので，1 [HP] = 746 [W] であることに注意して，

$$\eta = 0.85 = \frac{出力電力}{入力電力} = \frac{10 \times 746}{\sqrt{3} \times 200 \times \dot{I} \times \cos\theta}$$
$$\therefore\quad \dot{I} = \frac{10 \times 746}{\sqrt{3} \times 200 \times 0.8 \times 0.85} = 31.7\ [\mathrm{A}]$$

となる．したがって，電圧降下 v は，式 (3.5) よりつぎのようになる．

$$v = \dot{V}_s - \dot{V}_r = \sqrt{3}\dot{I}(R\cos\theta + X\sin\theta)$$
$$= \sqrt{3} \times 31.7(0.15 \times 0.8 + 0.2 \times 0.6) = 13.2\ [\mathrm{V}]$$

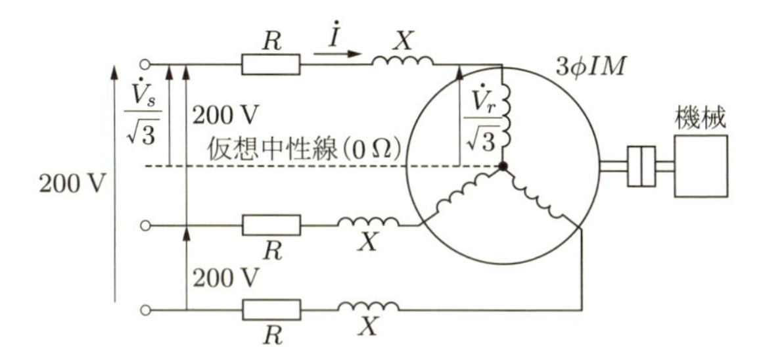

図 3.5 三相誘導電動機負荷線路

例題 3.3 単相動力負荷 1 kW（力率 0.8），また電灯負荷は 30 W の電灯 25 個，10 W の電灯 10 個という需要家に，110 m 離れた柱上変圧器から供給するものとする．変圧器の二次端子電圧および需要家の引込口電圧を，それぞれ 105 V および 100 V に

保つための，低圧電線の太さを求めよ．ただし，電線には硬銅線（5.1 節で説明する）を用いるものとし，その抵抗は，太さ $1\,\text{mm}^2$，長さ 1 m あたり $\dfrac{1}{55}\,\Omega$ とする．

解答　題意の線路は，図 3.6 のように表される．

$$\text{電灯負荷}\qquad P_L = 30 \times 25 + 10 \times 10 = 850\ [\text{W}]$$

$$\text{単相動力負荷}\quad P_M = 1000\ [\text{W}]$$

電灯負荷および単相動力負荷の電流をそれぞれ，$\dot{I}_L$（$\dot{E}_r$ と同相），$\dot{I}_M$（$\dot{E}_r$ より ϕ だけ遅れる）とすれば，これらの電圧電流のベクトル図は図 3.7 のようになる．

線路電流を $\dot{I}$，$\dot{E}_r$ よりの遅れ位相差を θ とおけば，線路のリアクタンス X は無視されているので，式 (3.4) より，$\dot{E}_s = 105$ [V]，$\dot{E}_r = 100$ [V] であるから，電線の全抵抗を R [Ω]，断面積を A [mm^2] とおけば，

$$\dot{E}_s - \dot{E}_r = 5 = \dot{I}R\cos\theta = (\dot{I}_L + \dot{I}_M\cos\phi)R$$
$$= (8.5 + 10) \times \frac{1}{55} \times \frac{2 \times 110}{A}$$
$$\therefore\quad A = \frac{18.5 \times 2 \times 110}{55 \times 5} = 14.8\ [\text{mm}^2]$$

となる．

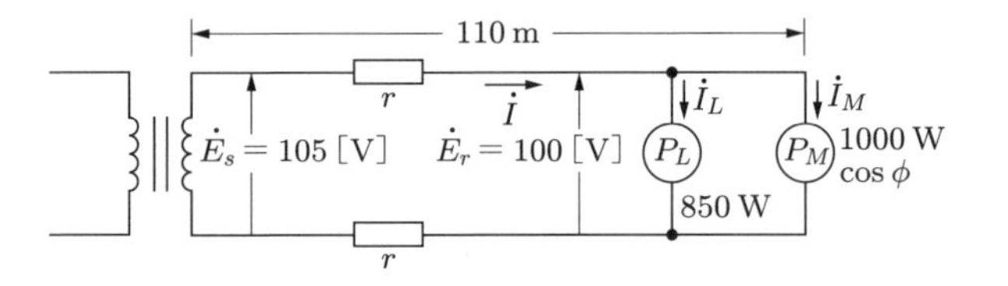

図 3.6　単相 2 線式負荷線路

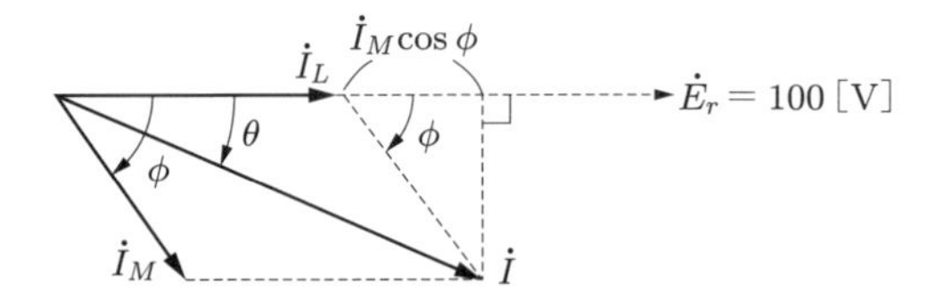

図 3.7　電圧電流のベクトル図

3.2　配電線路の所要電線量の比較

距離 l，電力 P，途中の電力損失 P_l，電線材料の抵抗率 ρ，負荷の端子電圧 V がすべて同一であるとする．電線路に使用する電線量は，電線路はどんな配電方式に作っ

てもよい．これらの条件のもとに，単相2線式をベースとして，単相3線式，三相3線式および三相4線式の電線路の，それぞれの**所要電線量の比較**を行ってみよう．

図3.8(a)に単相2線式を，図(b)に単相3線式を示す．単相2線式線路の電流をI，電線1本の抵抗をR，その断面積をAとし，負荷の力率を$\cos\theta$とすれば，

$$2\text{線式での電力}\quad P = VI\cos\theta \tag{3.7}$$

$$\text{線路の電力損失}\quad P_l = 2I^2R \tag{3.8}$$

となる．

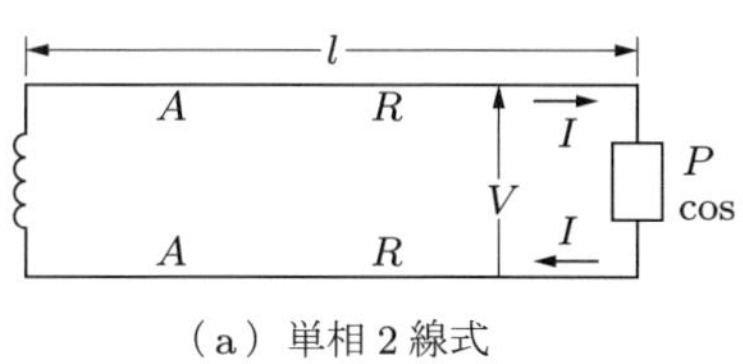

（a）単相2線式

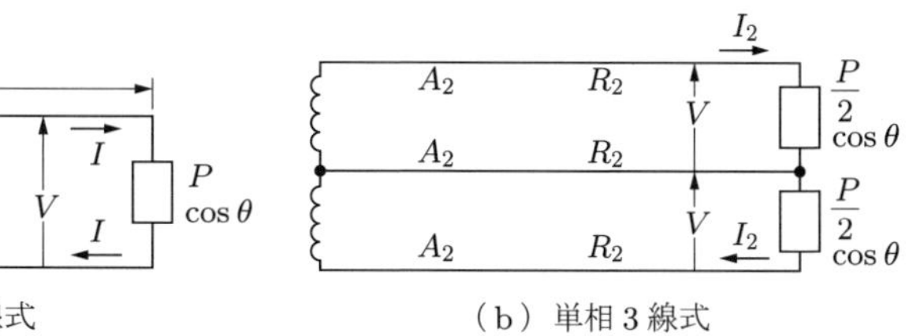

（b）単相3線式

図3.8　単相2線式と単相3線式

単相3線式では，$\dfrac{P}{2}$の負荷の電力が平衡すれば，中性線には電流が流れない．両外線の電流をI_2，電線1本の抵抗をR_2，その断面積をA_2とおけば，

$$\text{単相3線式での電力}\quad P = 2VI_2\cos\theta \tag{3.9}$$

$$\text{線路損失}\quad P_l = 2{I_2}^2R_2 \tag{3.10}$$

となる．

同一電力の条件から，式(3.7) = 式(3.9)より，つぎがわかる．

$$VI\cos\theta = 2VI_2\cos\theta \qquad \therefore\ I = 2I_2 \tag{3.11}$$

同一線路損失の条件から，式(3.8) = 式(3.10)より，

$$\therefore\quad \frac{R_2}{R} = \left(\frac{I}{I_2}\right)^2 = \left(\frac{2}{1}\right)^2 = 4$$

となる．さらに，

$$R_2 = \rho\frac{l}{A_2}, \qquad R = \rho\frac{l}{A}$$

である．ここで，ρを抵抗率[$\Omega\cdot$m]とした．したがって，次式が成り立つ．

$$\frac{R_2}{R} = \frac{A}{A_2} = 4$$

電線の単位体積あたりの重量を σ とし，電線の所要量を 2 線式で W，単相 3 線式で W_2 とおけば，次式が成り立つ．

$$\frac{W_2}{W} = \frac{3A_2 l\sigma}{2Al\sigma} = \frac{3}{2}\frac{A_2}{A} = \frac{3}{2}\frac{1}{4} = \frac{3}{8} = 0.375 \tag{3.12}$$

ただし，単相 3 線式の中性線に用いた電線の断面積は，両外線の A_2 と同一とした．

すなわち，単相 3 線式の電線の所要量は単相 2 線式の場合の 37.5 % で済むことになり，約 63 % の電線量が節約できることになる．

また，中性線には負荷電流が流れないので，中性線の断面積を両外線の半分の $\frac{1}{2}A_2$ を用いたとすれば，次式が成り立つ．

$$\frac{W_2}{W} = \frac{2.5A_2 l\sigma}{2Al\sigma} = \frac{2.5}{2}\frac{A_2}{A} = \frac{2.5}{2}\frac{1}{4} = \frac{2.5}{8} = 0.313 \tag{3.13}$$

したがって，電線量をさらに軽減することができる．

つぎに，図 3.9 の三相 3 線式と単相 2 線式を比較してみよう．

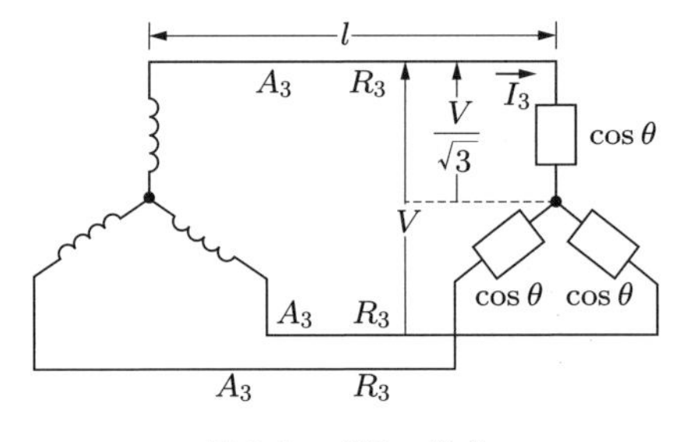

図 3.9　三相 3 線式

電線 1 本の抵抗を R_3，断面積を A_3 とすると，

$$三相電力\quad P = \sqrt{3}VI_3\cos\theta \tag{3.14}$$

$$線路損失\quad P_l = 3{I_3}^2 R_3 \tag{3.15}$$

となる．

同一電力の条件より，式 (3.7) = 式 (3.14) より，つぎがわかる．

$$VI\cos\theta = \sqrt{3}VI_3\cos\theta \qquad \therefore\ I = \sqrt{3}I_3 \tag{3.16}$$

同一線路損失の条件から，式 (3.8) = 式 (3.15) より，

$$2I^2R = 3{I_3}^2R_3$$

$$\therefore\ \frac{R_3}{R} = \frac{2}{3}\left(\frac{I}{I_3}\right)^2 = \frac{2}{3}(\sqrt{3})^2 = 2$$

$$\frac{R_3}{R} = \frac{\rho\dfrac{l}{A_3}}{\rho\dfrac{l}{A}} = \frac{A}{A_3} = 2$$

となる．

三相3線式の電線所要量を W_3 とおけば，次式が成り立つ．

$$\frac{W_3}{W} = \frac{3A_3 l\sigma}{2Al\sigma} = \frac{3}{2}\frac{A_3}{A} = \frac{3}{2}\frac{1}{2} = \frac{3}{4} = 0.75 \tag{3.17}$$

すなわち，三相3線式で配電すると，単相2線式の場合より25％電線量を節約できる．

同様にして，三相4線式についても所要電線量を計算することができる．表3.1は，以上の結果をまとめたものである．

表3.1 各種配電方式の所要銅量の比較

配電方式	結線法	所要銅量［%］
単相2線式	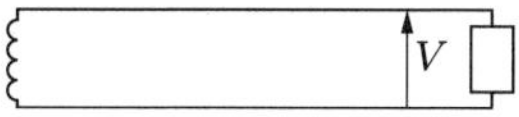 V	100
単相3線式	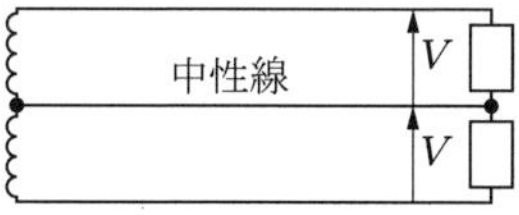 中性線 V V	37.5 (31.3)
三相3線式	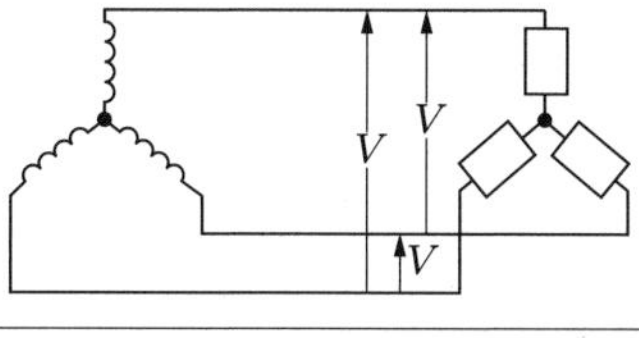 V V V	75
三相4線式	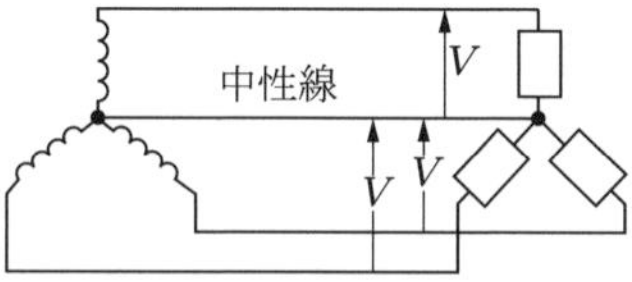 中性線 V V V	33.3 (29.2)

注：(1) 比較条件は，配電距離，供給電力，線路損失を同一とし，負荷は完全に平衡しているものとした．

(2) （ ）内は，中性線の太さをほかの電線の $\frac{1}{2}$ とした場合を示す．

3.3 配電線路の力率改善

配電線路上には，柱上変圧器と負荷としての誘導電動機が数多く接続されている．このため，流れる電流は電圧に対して遅れて状態である．この電圧と同相分の電流が，仕事を遂行する**有効電流**で，電圧と直角分の遅れ電流は，遊んでいる**無効電流**である．

配電線路に流れる電流は，電圧よりも遅れている．しかし，コンデンサを接続することで，流れる進み電流により負荷の遅れ電流を打ち消され，線路を流れる合成電流は小さくなり，また，電流が電圧より遅れる角度も小さくなる．このことを**力率が改善された**という．これにより線路損失も減少し，電源にある程度の余裕が生じることになる．

（1） 力率改善用コンデンサの容量計算

図 3.10 の三相 3 線式配電線路の末端の線間電圧 $\dot{V}_r$ [V]，電流 $\dot{I}$ [A]，力率 $\cos\theta$（遅れ），電力 P [kW] の負荷に並列にコンデンサを接続して，力率を $\cos\phi$（遅れ）に改善するときの，**必要なコンデンサの容量** Q_c [kVA] を計算してみよう．

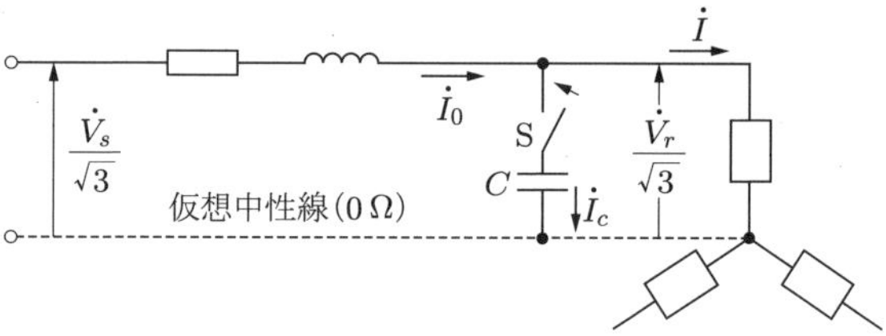

図 3.10　力率の改善

コンデンサを接続したときのコンデンサに流れる電流を $\dot{I}_c$，線路を流れる電流を $\dot{I}_0$ とし，$\frac{\dot{V}_r}{\sqrt{3}}$ を基準とし，電圧電流の実効値のベクトル図を示すと，図 3.11 のようになる．

末端の三相有効電力 P は，相電圧 $\frac{\dot{V}_r}{\sqrt{3}}$ と同相分電流 $\dot{I}\cos\theta$ との積を 3 倍したものであるから，

$$P = \frac{3\dot{V}_r}{\sqrt{3}}\dot{I}\cos\theta \times 10^{-3} = \sqrt{3}\dot{V}_r\dot{I}\cos\theta \times 10^{-3}\ [\mathrm{kW}]$$

となる．

したがって，これらの電流の三角形の各辺に，それぞれ $\sqrt{3}V_r \times 10^{-3}$ を掛けると，それぞれ三相有効電力 P，無効電力 S_0，皮相電力 S の**電力の三角形**が図 3.12 のよう

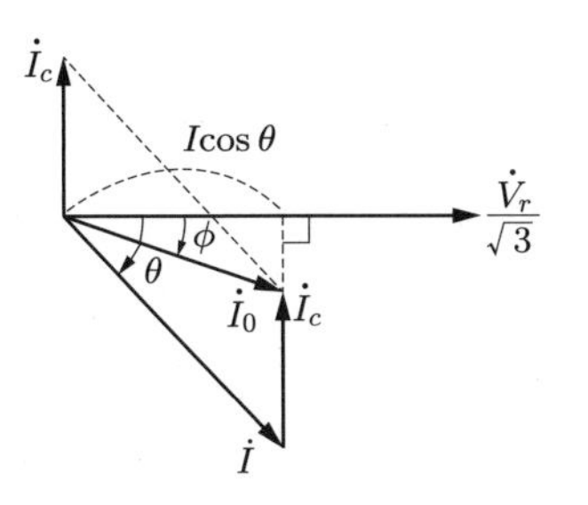

図 3.11　電流のベクトル図

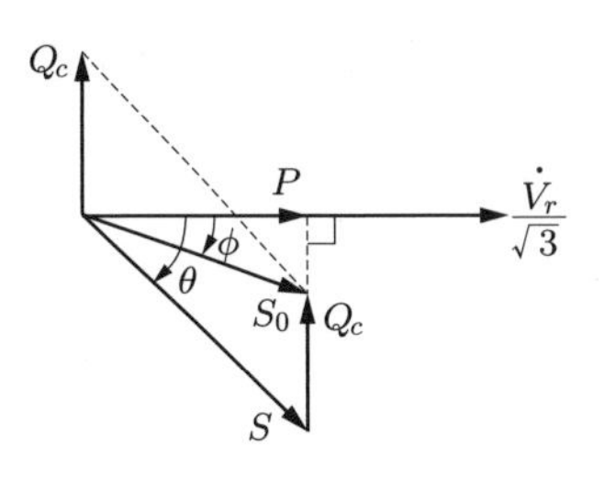

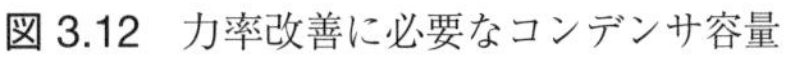
図 3.12　力率改善に必要なコンデンサ容量

に得られるので，必要なコンデンサの三相容量 Q_c [kVA] は，つぎのようになる．

$$Q_c = P\tan\theta - P\tan\phi$$
$$= P(\tan\theta - \tan\phi) \tag{3.18}$$

$$\left.\begin{aligned} Q_c &= \sqrt{3}\dot{V}_r\dot{I}_c \times 10^{-3}\ \text{[kVA]} \\ S &= \sqrt{3}\dot{V}_r\dot{I} \times 10^{-3}\ \text{[kVA]} \\ S_0 &= \sqrt{3}\dot{V}_r\dot{I}_0 \times 10^{-3}\ \text{[kVA]} \end{aligned}\right\} \tag{3.19}$$

$$S_0 < S$$

(2)　力率改善による増加負荷電力の計算

図 3.13 において，変圧器の定格容量を S_t [kVA]，定格の二次電圧を V [V]，二次電流を $\dot{I}_t$ [A] とし，いま，変圧器に定格容量一杯の負荷がかかっていて，さらにいくらかの負荷を増加したいとする．これはコンデンサを設置して力率を改善することによって可能である．これについて考えてみよう．

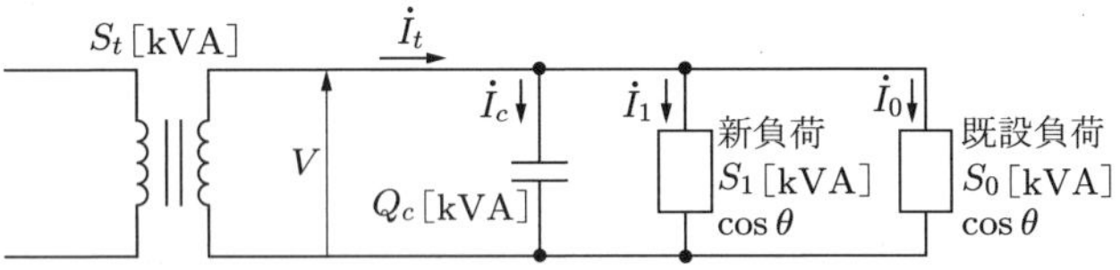

図 3.13　力率改善による増加負荷電力

既設負荷の皮相電力を S_0 [kVA]，力率を $\cos\theta$，電流を $\dot{I}_0$ とし，新負荷の皮相電力を S_1 [kVA]，力率を既設負荷と同じ $\cos\theta$，電流を I_1 とし，コンデンサの容量を Q_c [kVA]，電流を $\dot{I}_c$ とする．このとき，変圧器はこれ以上の負荷を負うことができない．もしも力率の改善が行えれば，変圧器の電流が減るため，新規に負荷を増やすことができる．これらの電圧電流のベクトルは図 3.14 となり，力率は $\cos\theta$ から $\cos\phi$ に改

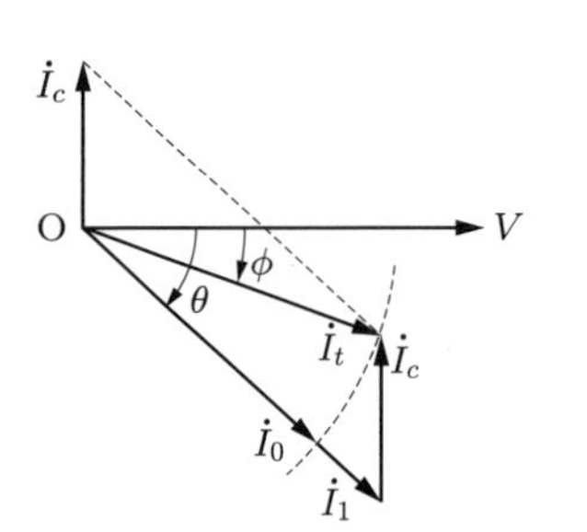

図 3.14 電圧電流のベクトル

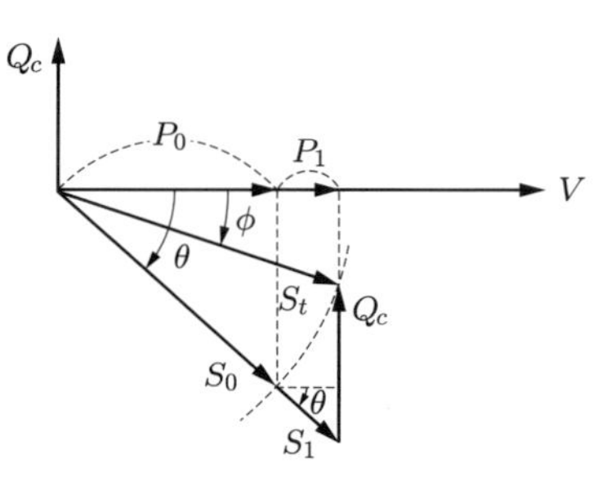

図 3.15 電力のベクトル

善され，合成電流が変圧器の定格電流 $\dot{I}_t$ に等しくなればよい．この電流の三角形の各辺に $V \times 10^{-3}$ を掛ければ，図 3.15 のような電力の三角形が得られる．

これにより，必要なコンデンサの容量 Q_c，増加しうる皮相電力 S_1，増加有効電力 P_1 は，次式から求められる．

$$\begin{aligned} Q_c = V\dot{I}_c \times 10^{-3} &= (P_0 + P_1)\tan\theta - S_t \sin\phi \\ &= S_t \cos\phi \tan\theta - S_t \sin\phi \\ &= S_t(\cos\phi\tan\theta - \sin\phi)\ [\mathrm{kVA}] \end{aligned} \tag{3.20}$$

$$\begin{aligned} S_1 = S_0 + S_1 - S_0 &= \frac{S_t \cos\phi}{\cos\theta} - S_t \\ &= S_t\left(\frac{\cos\phi}{\cos\theta} - 1\right)\ [\mathrm{kVA}] \end{aligned} \tag{3.21}$$

$$P_1 = S_t\cos\phi - S_t\cos\theta = S_t(\cos\phi - \cos\theta)\ [\mathrm{kW}] \quad (S_t = S_0 \text{より}) \tag{3.22}$$

例題 3.4 図 3.16 のような，電線を敷設する 2 点間の距離であるこう長が 3 km の三相配電線路がある．受電端の線間電圧 6300 V，遅れ力率 80 % の 450 kW の電力を消費している．線路の 1 条の抵抗とリアクタンスは，いずれも 0.5 Ω/km とするとき，つぎの問いに答えよ．ただし，受電端の電圧はコンデンサを接続しても変わらないものとする．

(1) 送電端の線間電圧 [V] を求めよ．

(2) コンデンサを設置して線路損失を最小とするときの，コンデンサの容量 [kVA] および送電端の電圧 [V] はいくらか．

(3) コンデンサ設置前後の線路損失を比較せよ．

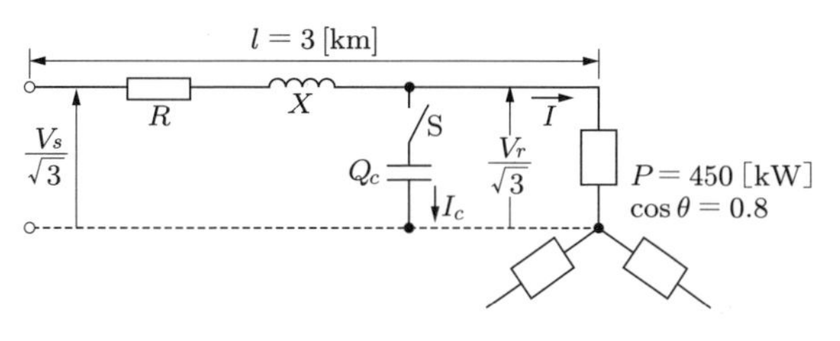

図 3.16　三相配電線路

解答　(1)　r, x を 1 km あたりの抵抗 [Ω] とリアクタンス [Ω], l をこう長 [km] とする．線路 1 条の抵抗 R, リアクタンス X は

$$R = rl = 0.5 \times 3 = 1.5\ [\Omega], \qquad X = xl = 0.5 \times 3 = 1.5\ [\Omega]$$

となる．負荷電流 I は，式 (1.11) より，

$$I = \frac{P}{\sqrt{3}V\cos\theta} = \frac{450 \times 10^3}{\sqrt{3} \times 6300 \times 0.8} = \frac{89.29}{\sqrt{3}}\ [\mathrm{A}]$$

となる．送電端の線間電圧 V_s は，式 (3.5) より，つぎのようになる．

$$\begin{aligned} V_s &= V_r + \sqrt{3}I(R\cos\theta + X\sin\theta) \\ &= 6300 + \sqrt{3}\frac{89.29}{\sqrt{3}}(1.5 \times 0.8 + 1.5 \times 0.6) \\ &= 6300 + 187.5 = 6.49 \times 10^3\ [\mathrm{V}] \end{aligned}$$

(2)　線路損失を最小とするには，図 3.10 より線路電流 I_0 を最小とする必要がある．したがって，図 3.11 の電圧電流のベクトル図で，I_0 が相電圧 $\dfrac{V_r}{\sqrt{3}}$ と同相のときである．

すなわち，$\phi = 0$, $\cos\phi = 1$, $\sin\phi = 0$ となるので，必要なコンデンサの容量 Q_c は，式 (3.18) を用いてつぎのようになる．

$$\begin{aligned} Q_c &= P(\tan\theta - \tan\phi) = P\tan\theta = P\frac{\sin\theta}{\cos\theta} = P\frac{\sqrt{1-\cos^2\theta}}{\cos\theta} \\ &= 450\frac{0.6}{0.8} = 338\ [\mathrm{kVA}] \end{aligned}$$

このときの送電端電圧 V_s' を求める．線路電流は I_0 で，合成力率は 100% であるから，図 3.11 より，$I_0 = I\cos\theta$ となる．

$$I_0 = I\cos\theta = \frac{89.29}{\sqrt{3}} \times 0.8 = \frac{71.43}{\sqrt{3}}\ [\mathrm{A}]$$

式 (3.5) より，つぎが得られる．

$$\begin{aligned} V_s' &= V_r + \sqrt{3}I_0(R\cos 0^\circ + X\sin 0^\circ) = V_r + \sqrt{3}I_0R \\ &= 6300 + \sqrt{3}\frac{71.43}{\sqrt{3}} \times 1.5 = 6300 + 107.1 = 6.41 \times 10^3\ [\mathrm{V}] \end{aligned}$$

(3) コンデンサ設置前の線路損失を P_l とし，設置後の線路損失を P_l' とおけば，

$$\frac{P_l'}{P_l} = \frac{3{I_0}^2R}{3I^2R} = \left(\frac{I_0}{I}\right)^2 = \left(\frac{\dfrac{71.43}{\sqrt{3}}}{\dfrac{89.29}{\sqrt{3}}}\right)^2 = \left(\frac{71.43}{89.29}\right)^2 = 0.639$$

となる．すなわち，コンデンサの設置により線路損失は 63.9％ に減少した．

3.4 分散負荷による電圧降下と電力損失

都市圏外の農村地方においては一般に，発電所が設置され，都市部からの電力網の最終引き込み地域ともなりうるため，長い高圧配電線路の末端に集中した電力がかかると考えられる．また，都市においては，配電線路に接続される負荷は，町の形成により電力網が発達をとげているため，一様に分布していると考えられる．そこで，**末端集中負荷**と，**平等分布負荷**の場合の線路の電圧降下と，電力損失を比較してみよう．

（1） 末端集中負荷

電線の単位長 [m] の抵抗およびリアクタンスを，それぞれ r [Ω/m]，x [Ω/m] とし，線路こう長を L [m]，末端集中負荷の電流を I [A]，力率を $\cos\theta$（遅れ）とすれば，線路上の電流の分布は図 3.17 のようになる．線路の電圧降下 v は，式 (3.4) より

$$v = I(r\cos\theta + x\sin\theta)L = ISL \tag{3.23}$$

となる．ここで，$S = r\cos\theta + x\sin\theta$ [Ω/m] は線路単位長の等価抵抗を表し，線路の電力損失 p はつぎのようになる．

$$p = I^2rL \tag{3.24}$$

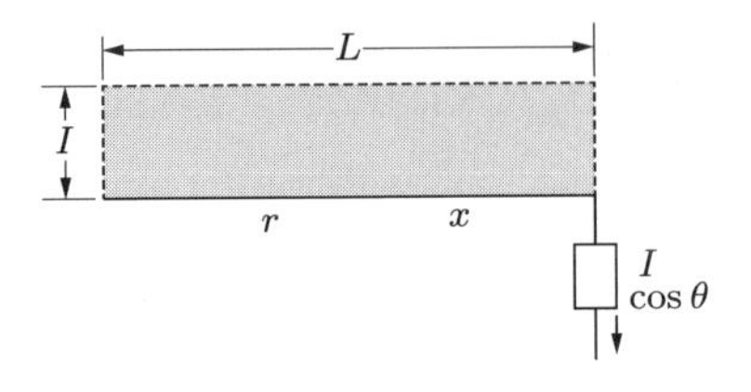

図 3.17 末端集中負荷

（2）　平等分布負荷

上述の末端集中負荷電流 I を，分布負荷電流 $i = \dfrac{I}{L}$ [A/m] として利用すると，線路上の電流の分布は図 3.18 のようにほぼ直角三角形になる．

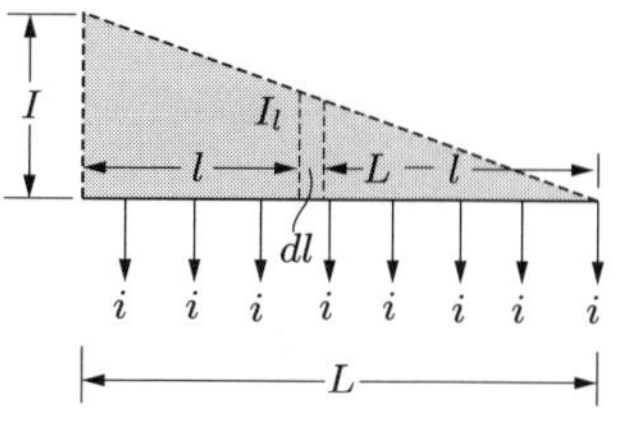

図 3.18　平等分布負荷

送電端からの距離が l の線路上の電流を I_l とすれば，$I_l = \dfrac{I}{L}(L-l)$，また微小距離 dl の電圧降下 dv は，$dv = I_l S dl = \dfrac{I}{L}(L-l)S dl$ であるから，線路全長 L の電圧降下 v は

$$v = \int dv = \frac{I}{L}S\int_0^L (L-l)dl = \frac{1}{2}ISL \tag{3.25}$$

となる．つぎに，線路損失 p は，微小距離 dl 部分の電力損失を dp とおけば，$dp = {I_l}^2 r dl$ であるから

$$p = \int dp = \frac{I^2 r}{L^2}\int_0^L (L-l)^2 dl = \frac{1}{3}I^2 rL \tag{3.26}$$

となる．

すなわち，末端集中負荷を平等分布負荷とすることにより，線路全長の電圧降下は $\dfrac{1}{2}$ に，電力損失は $\dfrac{1}{3}$ に減少することがわかる．

3.5　電線のたるみ，張力，長さの計算

たとえば，夏季に電線をきつく張ってたるみを小さくとると，冬季に温度が低下したとき，電線が収縮してたるみが小さくなり，張力が非常に増大して切断などの事故につながる危険性が高まる．逆に，冬季に電線を緩く張ってたるみを大きくとると，夏季に温度が上昇したとき，電線が延伸して電線が道路や建物などに接触する危険性が高まる．このように，地域や環境によって異なる面もあるものの，あらゆる気象条件下でのたるみを考え，電線を張る必要がある．そしてそのためには，たるみと張力の

関係を理解しなければならない．

図 3.19 のように，径間 S [m] の電線を同一地表上高さ A，B で支持すると，電線の**最大のたるみ** D [m] は，A，B 間の中央の点 O に生じる．保安上，電線の地表上の高さは技術基準で制限されるので，A，B の支持点に現れる**最大張力**によって**所要の電線実長** L [m] を計算することは，非常に重要である．

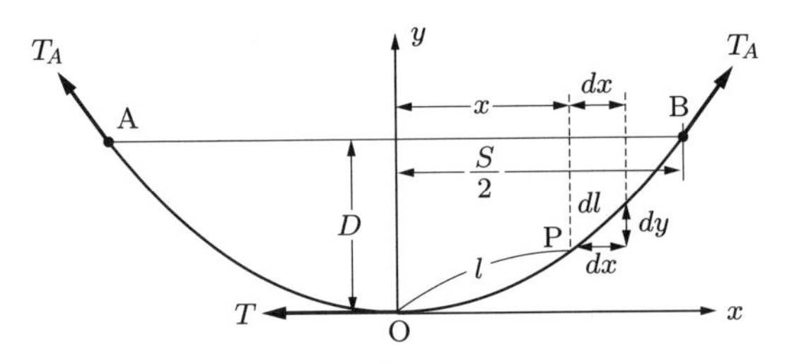

図 3.19　電線のたるみ

電線の最低点 O を原点とし，x，y 軸を図 3.19 のように定め，点 P（電線の OP の長さを l）の微小 dl，dx，dy の直角三角形のつりあいを考えると，

$$\frac{dy}{dx} = \frac{wl}{T} \tag{3.27}$$

が得られる．ここで，w [kg/m] は電線単位長の重量，T [kg] は電線最低点の水平張力である．径間に比べてたるみが十分小さい場合，$l \fallingdotseq x$ とおけるので，式 (3.27) はつぎのようにおける．

$$\frac{dy}{dx} \fallingdotseq \frac{wx}{T} \tag{3.28}$$

上式 (3.28) を x で積分すると

$$y = \frac{wx^2}{2T} + c$$

となる．$x = 0$，$y = 0$ であるから，$c = 0$ より，

$$\therefore \quad y = \frac{wx^2}{2T} \tag{3.29}$$

が得られる．これは**曲線の式**で，放物線となる．

式 (3.29) に $x = \dfrac{S}{2}$ を代入すると，最大のたわみ D が求められる．

$$D = \frac{w\left(\dfrac{S}{2}\right)^2}{2T} = \frac{wS^2}{8T} \text{ [m]} \tag{3.30}$$

径間 S [m] の所要電線実長 L [m] は，次式のようになる．

$$
\begin{aligned}
L &= 2\int_0^{\frac{S}{2}} dl = 2\int_0^{\frac{S}{2}} \sqrt{dx^2+dy^2} = 2\int_0^{\frac{S}{2}} \sqrt{1+\left(\frac{dy}{dx}\right)^2}\,dx \\
&= 2\int_0^{\frac{S}{2}} \left\{1+\left(\frac{wx}{T}\right)^2\right\}^{\frac{1}{2}} dx \\
&\fallingdotseq 2\int_0^{\frac{S}{2}} \left(1+\frac{1}{2}\cdot\frac{w^2}{T^2}x^2\right) dx \\
&= 2\left\{\frac{S}{2}+\frac{w^2}{2T^2}\cdot\frac{1}{3}\cdot\left(\frac{S}{2}\right)^3\right\} = S+\frac{w^2S^3}{24T^2} \\
&= S+\frac{8D^2}{3S}\ [\mathrm{m}]
\end{aligned}
\tag{3.31}
$$

つぎに，電線の支持点 A，B における張力 T_{A}，T_{B} は相等しく，略算式が成り立つので，

$$
\begin{aligned}
T_A &= \sqrt{T^2+\left(\frac{wS}{2}\right)^2} = T\left(1+\frac{w^2S^2}{4T^2}\right)^{\frac{1}{2}} \\
&\fallingdotseq T\left(1+\frac{w^2S^2}{8T^2}\right) \\
&= T+w\cdot D\ [\mathrm{kg}]
\end{aligned}
\tag{3.32}
$$

となる．電線の張力は支持点に近づくほど支えなければならないため，支持点で最大となる．よって，T_A，T_B は最大張力である．

演習問題

3.1 問図 3.1 のような三相配電線がある．変電所の点 A の電圧を 6600 V，点 B の負荷を 50 A（遅れ力率 0.8），また，線路の末端の点 C の負荷も 50 A（遅れ力率 0.8）とする．A，B 間の長さを 2 km，B，C 間の長さを 4 km とし，線路のインピーダンスは，1 km あたり抵抗は 0.9 Ω，リアクタンスは 0.4 Ω とする．

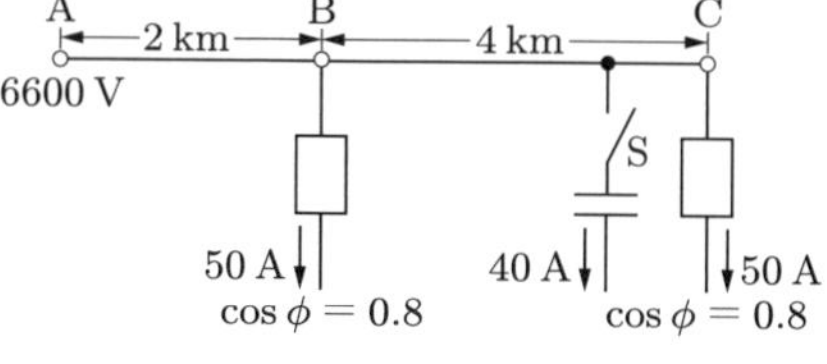

問図 3.1 三相配電線路

(1) この場合の点 B および点 C の電圧を求めよ．

(2) 点 C に力率を改善するために挿入する進み用コンデンサを設置して，進み電流 40 A をとらせるとき，点 B および点 C の電圧はどのようになるか．

(3) 進み用コンデンサ設置前後の線路の損失を比較せよ．

3.2 各種配電方式の所要銅量の比較の表 3.1 において，三相 4 線式の所要銅量が 33.3 % (29.2 %) になることを導出せよ．

3.3 三相 3 線式配電線の受電端に電圧 6000 V，力率 0.8（遅れ），520 kW の負荷がある．この負荷が同一力率で 600 kW に増加したので，受電端にコンデンサを負荷と並列に接続し，受電端電圧および線路電流を一定に保つための所要のコンデンサ容量 [kVar] および負荷増加前後の送電端電圧 [V] を求めよ．ただし，電線 1 条の抵抗を 1 Ω，リアクタンスを 3 Ω とする．

3.4 こう長 l の平等分布負荷の配電線路がある．この全損失を集中負荷で生じるものとすると，負荷点の位置は送電端からいくらの地点となるか．ただし，電線の太さは送電端から負荷点まで変わらないものとする．

3.5 問図 3.2 のように，平坦地において，同一張力で架線された 2 径間の最大のたるみがそれぞれ 4 m，および 2 m であるとする．いま，中間の支持点で電線が外れた場合，たるみは何 m になるか．ただし，支持点の高さは同一で，電線の伸びは無視する．

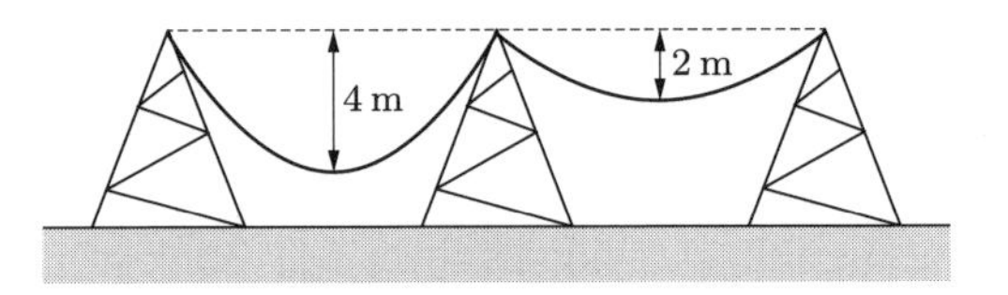

問図 3.2

4 配電線路の保護装置

配電線路上の機器や電線路に事故が発生した場合，事故が波及する範囲を限定するために，開閉器，遮断器，避雷器および接地工事などが設けられている．この章では，それら機器の機能や構造，接地工事の種類についての詳細について述べる．

4.1 開閉器

開閉器は，平常時の負荷電流を開閉できる．

開閉器の一つに，**断路器**がある．断路器は，発電所・変電所の機器または送配電線の機器の点検の作業時，機器を線路から切り離したり，系統を切り替えたりするための作業安全確保などに用いられる．電流の少ない線路上や引き下げ線の途中では，高圧の配電線路の開閉や変圧器の一次側に設置することで，過負荷保護用としての高圧カットアウトを用いる場合もある．

断路器は，変圧器の励磁電流のような小電流を開閉することはできるが，負荷電流の開閉はできない．電基第98条によれば，市街地の高圧架空電線路の2km以下ごとに，必ず**区分開閉器**を設けることが義務づけられている．

4.2 過負荷および地絡保護

（1） 過電流継電器

機器や線路に事故が発生したとき，事故の波及する範囲を限定して，損傷の程度を軽減し，できるだけ大きな送電電力を維持するために，**保護継電器**が用いられる．

たとえば，図4.1に示す送配電系統で故障箇所の選択遮断をするには，**過電流継電器** (OCR) の設置場所によって故障を検出し，遮断指令を出すまでの整定時間を変えればよい．各過電流継電器の間に1.5秒程度つけておけば，故障点の選択遮断はできる．この場合，電源から遠い負荷側の継電器ほど整定時間を短くし，電源に近づくほど整定時間を長くする．

図4.2は，保護継電器の基本回路を示したものである．線路の**変流器** (CT) の二次

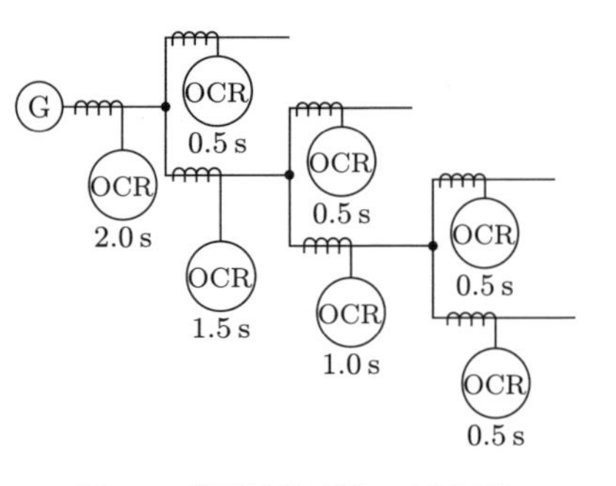

図 4.1　過電流継電器の時限回路

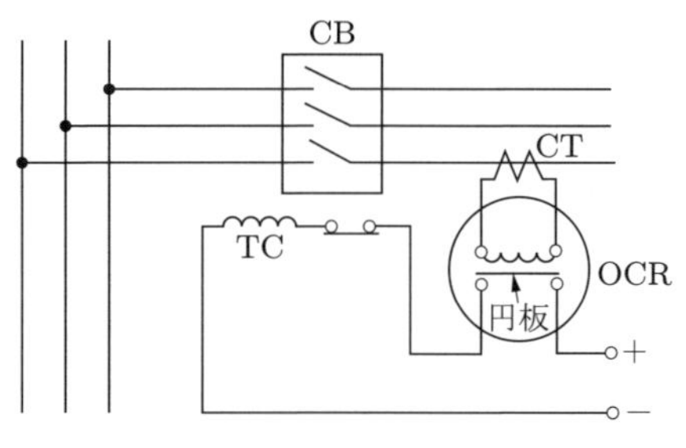
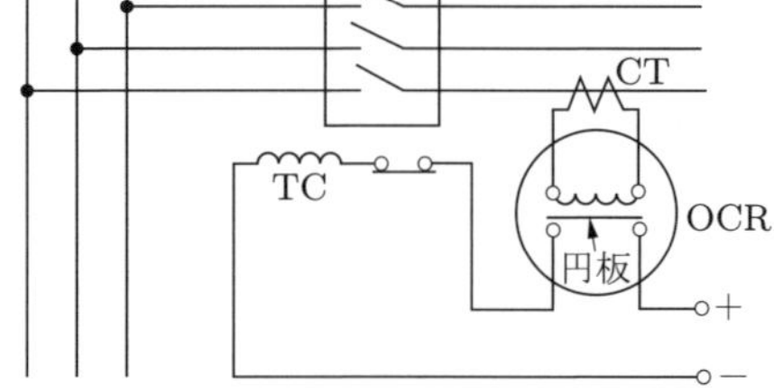

図 4.2　保護継電器の基本回路

側に OCR を接続する．短絡などの故障により線路に大電流が流れると，OCR が動作を始め，円板が回転し接点を閉じる．この接点が閉じるまでの整定時間は，時間レバーを動かすことによって調整する．接点を閉じると蓄電池の直流電源から引外し回路に電流が流れ，**引外しコイル**(TC) の電磁力により，次節で解説する**遮断器**(CB) を開放する．

（2）　地絡保護

地絡事故は，電線の断線，混触，ほかの工作物との接触などにより生じるもので，危険な電圧を発生させたり，地絡電流により通信障害を起こしたり，漏電による火災の恐れなどがあるので，速やかに電線路を遮断する必要がある．

地絡事故が発生すると**零相電流**（8.3 節参照）が流れる．この電流を検出し保護する継電器を，**過電流接地継電器**(OCGR) という．図 4.3(a) のように中性点が接地される場合は，これに変流器 (CT) を挿入して零相電流 i_0 を検出する方法がある．

また配電線では，3 線を一括して鉄心内を通す**零相変流器**(ZCT)（図 4.3(b)）がある．

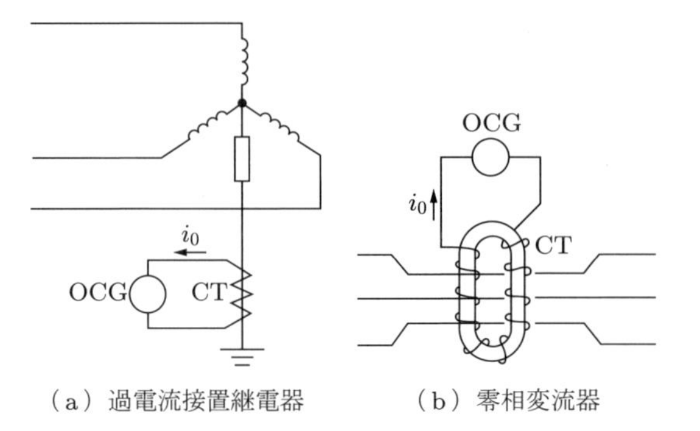

（a）過電流接置継電器　　（b）零相変流器

図 4.3　零相電流の保護

4.3 遮断器

遮断器は，電線路や機器に地絡や短絡などのような異常状態が生じたとき，回路を自動的に，かつ迅速に遮断する機能を備えたものである．通常，断路器は遮断器とインターロックされ，ヒューマンエラーを防ぐためにも，遮断器の開放後でなければ断路器を開くことができないしくみになっている．

図 4.4 は，**油入遮断器**の概要を示したもので，遮断器の鉄製タンクの中に絶縁油を満たし，**固定接触**と**可動接触**を納めた構造である．

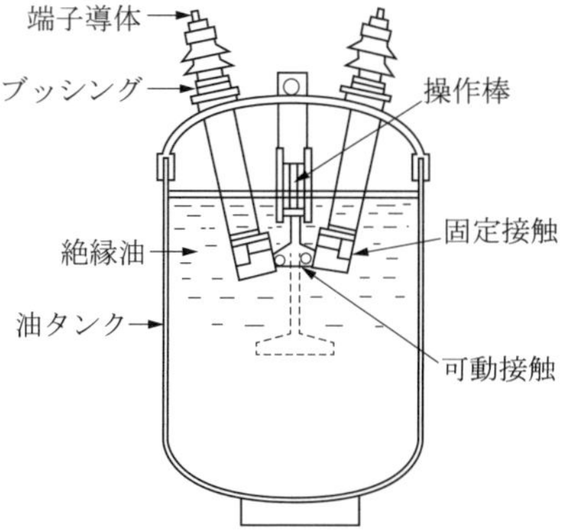

図 4.4　油入遮断器（タンク形）

可動接触は，**操作棒**によって支持されている．操作棒を操作すれば可動接触が上下に移動し，開閉動作を行う構造になっている．油入遮断器は，図 4.2 の保護継電器の基本回路で述べたように，線路の過電流によってリレーが動作し，つぎに遮断器が動作することで，可動接触部が開放される．

この際，高温の**アーク**が発生する．アークが発生している間は電流が流れてしまうため，素早くアークを消去しないと，遮断器の機能発揮が遅れてしまうことになる．油入遮断機では，アークにより油の熱分解ガスが発生し，このガスによる冷却作用でアークを遮断する．なお，アークを遮断することを**消弧**という．

このほか，以下で説明する**空気遮断器**，**磁気遮断器**，**真空遮断器**，**ガス遮断器**が，代表的な遮断器としてあげられる．

（a）空気遮断器

空気遮断器とは，高圧の圧縮空気をアークに吹きつけることで消弧するものである．以前は，超高圧の線路に用いられていたが，ガス遮断器に置き換えられている．

（b） 磁気遮断器

磁気遮断器とは，遮断電流により作られる磁界で，アークを耐弧性の狭い溝に引き込み，アークを引き延ばし冷却することで消弧するものである．

（c） 真空遮断器

真空遮断器とは，高真空状態のバルブの中で接点を開閉することで，真空の優れた絶縁耐力を利用し消弧するものである．短時間に消弧することが可能で，頻繁に遮断を行う場合に適している．

（d） ガス遮断器

ガス遮断器とは，アーク遮断性能の優れた SF_6（六フッ化硫黄）ガスを圧縮しアークに吹きつけて消弧するものである．消弧の方法は空気遮断器とほぼ同様だが，性能はこちらのほうが高い．

4.4 避雷器

雷サージや線路の開閉などによって発生した過電圧の値が一定値以上になると，**避雷器**内部で放電を開始することで過電圧を制限して，線路に接続される電気機器および設備の絶縁を保護することができる．

避雷器は，放電によって線路が正常に戻った後も，商用印加電圧によって引き続き避雷器を流れようとする続流を短時間のうちに遮断し，線路を正常な状態に復帰させる機能をもっている．**直列ギャップ**なしで酸化亜鉛素子（ZnO 素子）を**特性要素**に用いた**酸化亜鉛形避雷器**が主流であるが，理論的構造をきちんと理解してもらうために，ここでは，図 4.5 のような直列ギャップと特性要素で構成された避雷器について考えることにしよう．避雷器に**雷**，**開閉サージ**などの異常電圧が印加されると，直列ギャップが放電し，放電電流は特性要素を通って大地に流れ，その電流に相当する電圧に制限される（**制限電圧**）．

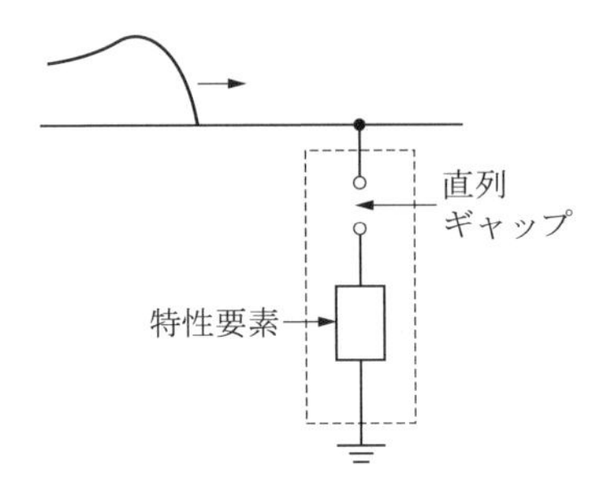

図 4.5 直列ギャップありの避雷器

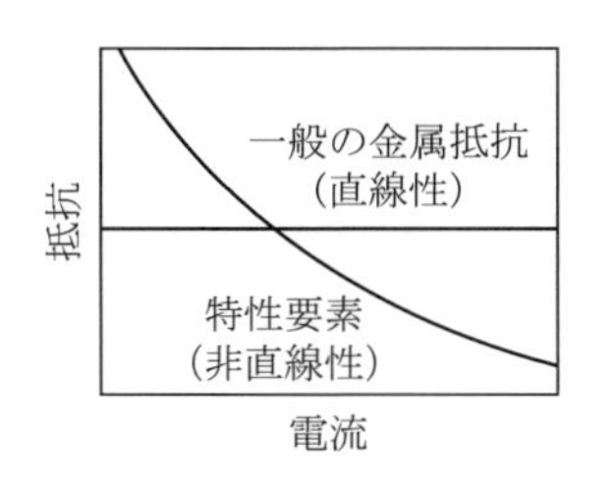

図 4.6 特性要素の電流－抵抗特性

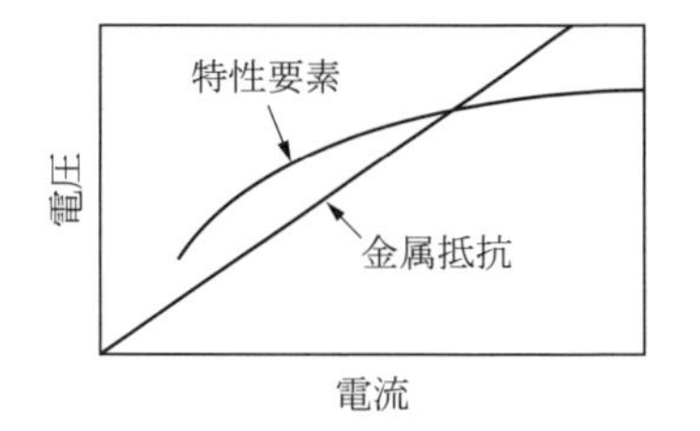

図 4.7 特性要素の電圧特性－電流

特性要素は，図 4.6 に示すように大電流が流れると，その抵抗が低下する非直線抵抗特性をもつので，制限電圧は低く抑えられる．図 4.7 に，特性要素の電圧－電流特性を示す．

避雷器が動作したとき，機器に加わる電圧は，**制限電圧 ＋ 接地抵抗 × 放電電流**であるから，避雷器の保護効果を高めるためにも，避雷器の抵抗値はできる限り小さくすべきである．電基では，避雷器の接地は **A 種接地工事**（4.5 節参照）を施し，接地抵抗は 10 Ω 以下と規定されている．

4.5 接地工事

接地工事は，雷などの異常電圧の制御，高低圧混触時の低圧線の保護，使用機器の地絡事故時の対人分担電圧抑制など，非常に重要な役目を果たす．

（1） 接地式電路

電線路の中性点の電位や高低圧混触時の低圧側の電位の上昇を防止するため，その中性点または電線路の 1 端を接地（**B 種接地工事**）した電線路を**接地式電路**という．

（a） 高圧の電路の中性点接地

考え方としては，特別高圧電路と同様であるが，**高圧の電路**は配電線に多く採用され，人家の密集したところに施設され，ほかの工作物と接近交差することが多い．したがって，高低圧混触による低圧側の電位上昇を抑制するため，地絡電流の小さい**非接地式電路**が一般に採用されていて，中性点は接地されていない．

しかし，一部の電力会社では，B 種接地工事の地絡電流を抑制する目的で，**消弧リアクトル接地**を採用している配電線もある．これは，中性点に地絡点において対地充電電流を 180° 位相の異なるリアクトル電流で補償し，地絡電流を零に近くして，自然消弧するというしくみである．

（b）　低圧の電路の接地

低圧の電路は，一般の人の身近にあるので，とくに感電と火災発生防止に注目すべきである．この点から考えると非接地式電路が望ましいが，低圧電路は高圧から変圧器によって変成され，低圧電線は高圧電線と併架されることが多い．

したがって，高圧電路と低圧電路が混触した場合には，低圧電線に高圧が侵入して，機器の絶縁を破壊し，またそれに触れた人を死傷させることになる．

これを防ぐために，低圧側の中性点またはその1端子にB種接地工事を施し，対地電位を原則として150V以下にする必要がある．

（c）　B種接地工事

これは，高低圧混触による危険を防止するためのもので，図2.1に示したように，高圧または特別高圧の電線路と，低圧の電線路とを結合する変圧器の二次側の中性点に施すものである．低圧側の使用電圧が300V以下の場合は，変圧器の1端子に接地工事を施すことができる（電基第23条第1項）．

B種接地工事の施設は，変圧器の施設ごとに施すのが原則であるが，土地の状況によって規定の抵抗値が得られない場合は，**架空接地線**により変圧器から200m以内の離れた箇所に接地することができる．また，土地の状況によりやむを得ない場合には，**架空共同地線**により二つ以上の変圧器に共通の二つ以上のB種接地工事を施すこともできる（電基第23条第2，3項）．

つぎに，接地抵抗値であるが，変圧器の高圧側または特別高圧側の電線路の1線地絡電流のアンペア数で150を割った値に等しいオーム数以下（電基第18条），と定められている．なお，このときの1線地絡電流は実測値が望ましいが，実測が困難な場合は，線路定数により計算した値を用いることができる（電基第11条）．

（2）　A種接地工事，C種接地工事，D種接地工事

（a）　A種接地工事

A種接地工事は，常時は充電されていない部分であるが，絶縁が破壊されたとき，その部分の電位上昇を抑制して，感電やほかの工作物に与える障害を食い止める目的と，事故電流の検出を容易にして電線路を遮断し，事故の拡大を防止する目的という，二つの目的をもっている．避雷器や放電装置の接地にもA種接地工事が行われる．

（b）　D種接地工事およびC種接地工事

D種接地工事は，300V以下の低圧で，住宅や業務用施設の照明，コンセント，白物家電などの設置を目的としている．一方，C種接地工事は，300Vを超える低圧でそれぞれ使用される電気機器や，配線工事に使用される金属管や金属ダクトの非充電金属部分の接地工事を目的としている．

（c） 接地線・接地抵抗値

各種接地工事の接地線には，表 4.1 の軟銅線と同等以上の強さおよび太さで容易に腐食しない金属線で，かつ，故障の際に流れる電流を安全に通じることのできるものを使用し，例外を除き，表に示す接地抵抗値を保持しなくてはならない．

表 4.1 接地抵抗値および接地線の太さ

接地工事の種類	接地線の最小太さ [直径 mm]	接地抵抗値 [Ω]
A 種接地工事	2.6	10 以下
D 種接地工事	1.6	100 以下
C 種接地工事	1.6	10 以下

4.6 高低圧混触による低圧線の電位上昇

高低圧の混触のとき，どのような電圧が低圧線に現れるかを，この節ではみていく．

変圧器の低圧側の 1 端子を B 種接地工事で接地する目的は，高低圧が混触したとき，低圧回路に高電圧が侵入するのを防ぐことである．図 4.8 に示すように，高圧線が 6600 V の非接地方式の場合は，高低圧が混触しても，地絡電流 I は静電容量を流れるので一般に小さい．

いま，B 種接地工事の接地抵抗を R とし，高圧線の 1 線の大地静電容量を C_s，線間容量を C_m とする．混触したときに接地線を流れる電流 I は，鳳–テブナンの定理を用いた図 4.9 の等価回路より，一般に，B 種接地抵抗 R と高圧線の容量リアクタンスを比較すると $R \ll \dfrac{1}{3\omega C_s}$ であるので，

$$I \cong 3\omega C_s \times \frac{6600}{\sqrt{3}} \text{ [A]} \tag{4.1}$$

となり，地絡電流のほとんどが対地充電電流に等しくなる．そのため，低圧線の電位

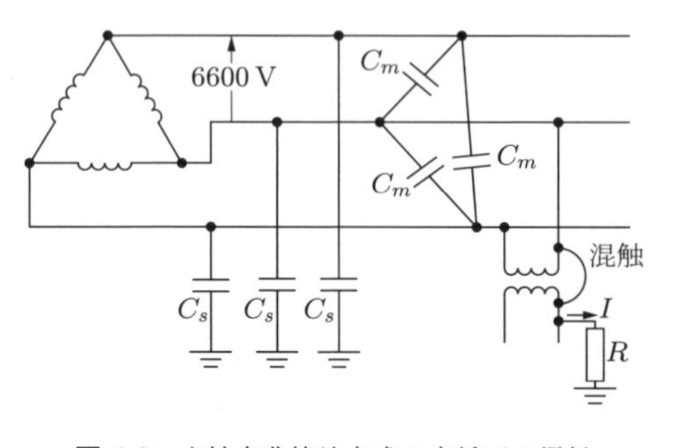

図 4.8 中性点非接地方式の高低圧の混触

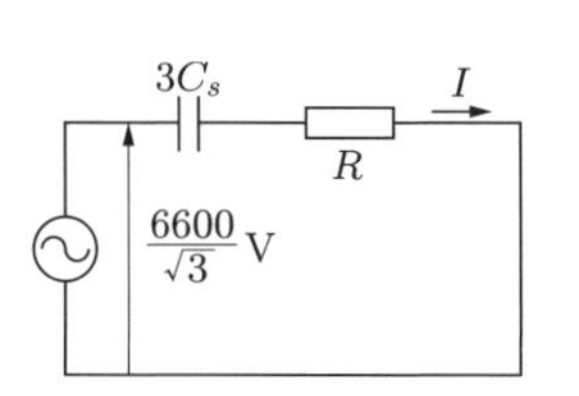

図 4.9 高低圧混触時の等価回路

上昇 V_R は

$$V_R = IR = 3\omega C_s R \frac{6600}{\sqrt{3}} \text{ [V]} \tag{4.2}$$

となる．対地充電電流が小さいので，電位上昇は低く，無視してもよい程度である．

つぎに，6600 V の変圧器を用いた昇圧 11400 V の**三相 4 線式配電方式**における，高低圧が混触したときの低圧線に現れる電圧を考えよう．

図 4.10 のように，高圧線中性点の接地抵抗を R_e，低圧線の B 種接地工事の抵抗を R とすると，混触時の R を流れる電流 I は，変電所から変圧器までの線路のインピーダンス（対地容量と抵抗）を無視して考えると，

$$I = \frac{6600}{R_e + R} \text{ [A]} \tag{4.3}$$

となる．よって，低圧側の電位上昇 V_s はつぎのようになる．

$$V_s = IR = 6600 \times \frac{R}{R_e + R} \text{ [V]} \tag{4.4}$$

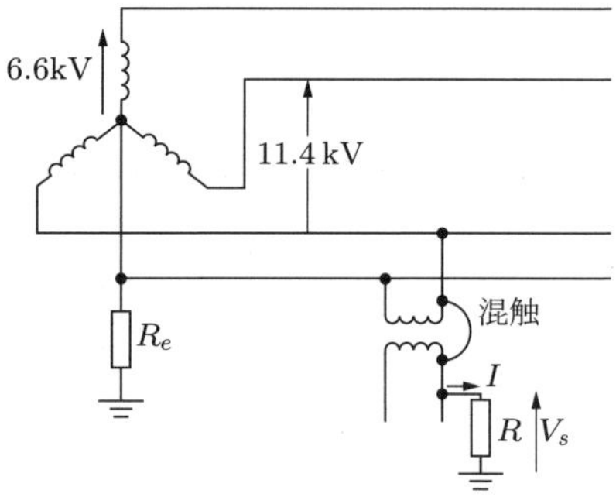

図 4.10　三相 4 線式配電方式での中性点接地式の高低圧の混触

式 (4.4) からわかるように，低圧側の電位上昇は，6.6 kV を R と R_e の比に分けたものとなる．たとえば，$R = R_e$ のときは 6.6 kV の半分の 3.3 kV となり，$R = 2R_e$ のときは $6.6 \times \frac{2}{3} = 4.4$ [kV] となる．

中性点を直接接地すると，$R_e = 0$ であるから，低圧側の電位上昇は 6.6 kV となる．したがって，高低圧時の低圧側の電位上昇を防ぐためには，変電所の中性点の抵抗 R_e は大きくしなければならない．

結論として，高低圧の混触時の低圧線の電位上昇を防ぐには，高圧線の中性点の抵抗 R_e は大きくしなければならない．通常，高圧線の接地故障時の故障していない正常な相である健全相の電位上昇を防ぐには，これと反対に中性点抵抗は小さくしなけ

ればならない.

そこで，電気技術者としては，需要家の保安を第一として中性点の接地抵抗の値を定めなければならない.

送電線路において事故が発生した場合，停電防止や電線路の保護のために，保護継電器や遮断機などにより故障回線を切り離す必要がある．並行 2 回線送電線路において，故障が発生した場合，両回線の電力を比較して故障回線を選択遮断する**電力平衡方式**がある.

図 4.11 に，電力平衡方式の原理図を示す．図のように，線路端に設けた両回線の変流器 CT の二次側を交差接続して，境路に生じる差電流を電力方向もしくは過電流継電器に導く．たとえば，図 (a) の 1 号線 (1L) でに事故点 F が発生すると，過電流継電器 SS には矢印の方向（上向き）の電流が流れる．一方，図 (b) の 2 号線 (2L) でに事故点 F が発生すると，図 (a) とは逆向きの電流が流れる．このように，電流の流れる方向により，並行回線のいずれかの回線に事故があったのかを即座に検出できる．ただし，事故点の位置によっては，常に高速度で両端が同時に遮断できるとは限らないため，その際は，一端が遮断されて，つぎにもう一端が遮断される.

このようにして，故障回線を完全に切り離すことができる.

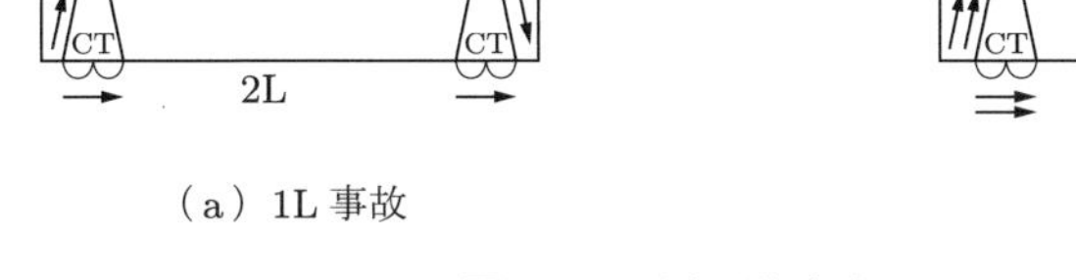

図 4.11 電力平衡方式の原理図

演習問題

4.1 断路器と遮断器の違いを説明せよ.

4.2 消弧の機能について説明せよ.

4.3 つぎの（　　）の中に適当な語句を記入せよ.

電線路やこれに接続される電力機器などを異常電圧から保護するために用いられている避雷器は，（ ① ）素子を用いたものであり，かつて避雷器で必要であった（ ② ）が不要である.

避雷器が発揮しなければならない機能を動作責務といい，これは所定の（　③　）と所定の電圧とをもつ電源に接続された避雷器が，その回路に過電圧を受けたとき，これを放電し，（　④　）を阻止または遮断して原状に復帰する一連の動作をいう．

4.4　問図 4.1 のように，B 種接地工事（接地抵抗 $R_B = 40$ [Ω] とする）を施してある電線路（使用電圧 $E = 100$ [V] とする）に電気機器が接続されている場合，この外箱に施すべき D 種接地抵抗 R_D はいくらとなるか．ただし，人体に危険を及ぼす電圧を 60 V とする．

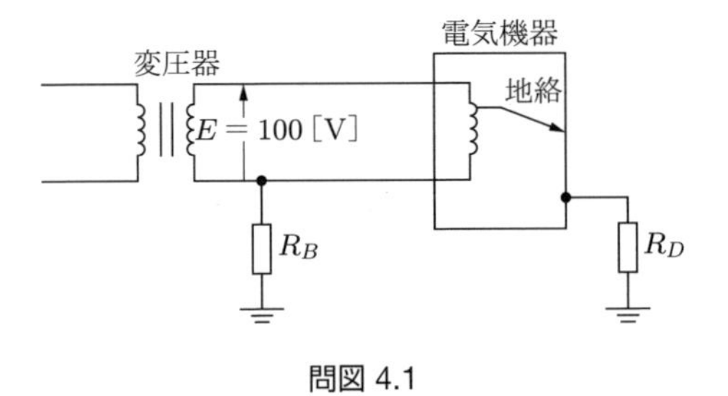

問図 4.1

4.5　Δ 結線 6600 V，50 Hz の配電線路において，高低圧混触のとき，低圧線に現れる電圧上昇を計算せよ．ただし，高圧線路の 1 線の対地静電容量を 0.1 μF とし，低圧線の B 種接地工事の接地抵抗を 40 Ω とする．

5 送電線路の線路定数

送電線路を設計するうえで，電線路上の電線の種類や材質，特性などを把握しておくことはとても重要である．電線路の抵抗，インダクタンス，静電容量は，電線の材料，構造および配置などにも大きく影響する．そのためこの章では，電線の材質の特徴や線路定数について詳細に述べる．

5.1 抵　抗

電線には**軟銅線**，**硬銅線**，**アルミ線**とよばれる，軟銅，硬銅，アルミが材料として使われたものが主流である．**国際標準軟銅**は，20°C において断面積 1 mm^2 で長さ 1 m の電気抵抗を $\dfrac{1}{58}$ Ω とし，これを**導電率 100 %** と定めている．このため，導電率 C % の抵抗率 ρ は次式で表される．

$$\rho = \frac{1}{58}\frac{100}{C} \ \ [\Omega \cdot \mathrm{mm}^2/\mathrm{m}] \tag{5.1}$$

したがって，一様な断面積 A [mm^2]，長さ l [m] の電線の抵抗 R [Ω] は次式で表される．

$$R = \rho\frac{l}{A} = \frac{1}{58}\frac{100}{C}\frac{l}{A} \ [\Omega] \tag{5.2}$$

表 5.1 は送配電線に用いられる硬銅より線の性能を，表 5.2 は鋼心アルミより線 (ACSR) の性能を示したものである．

そのほか抵抗に影響するものとして，抵抗の温度係数に基づく**抵抗の増加**および**表皮効果**がある．表皮効果は，交流電流が電線の表面を流れようとすることで，これにより等価的に断面積が小さくなり抵抗が増加する．

表 5.2 の備考にある**より込み率**とは，電線が**より線**の場合，単線の直線よりもどれだけ長いかを割合で表したもので，普通 2 % くらいである．したがって，抵抗が 2 % だけ大きくなる．

よって，より線の素線総数 N 本，より込み率 k の抵抗を R_N とすれば，

表 5.1 2 種硬銅より線 (JIS C 3105)

公 称 断面積 [mm²]	より線構成 素線数/素線径 [mm]	計 算 断面積 [mm²]	外径約 [mm]	最 小 引張荷重 [kg]	参 考		
					計算重量 [kg/km]	電気抵抗 (20°C) [Ω/km]	1 条 の 標準長さ [m]
* 240	19/4.0	238.8	20.0	9180	2148	0.0753	600
200	19/3.7	204.3	18.5	7900	1838	0.0880	700
* 180	19/3.5	182.8	17.5	7130	1645	0.0984	800
150	19/3.2	152.8	16.0	6000	1375	0.118	1000
* 125	19/2.9	125.5	14.5	4960	1129	0.143	1000
100	7/4.3	101.6	12.9	3880	914.5	0.177	600
75	7/3.7	75.25	11.1	2910	677.0	0.239	700
55	7/3.2	56.29	9.6	2210	506.4	0.320	1000
* 45	7/2.9	46.24	8.7	1830	416.0	0.389	1000
38	7/2.6	37.16	7.8	1480	334.4	0.484	1000
* 30	7/2.3	29.09	6.9	1170	261.7	0.618	1200
22	7/2.0	21.99	6.0	888	197.9	0.818	1200

$$R_N = \frac{1+k}{N}R \tag{5.3}$$

となる．

例題 5.1 表 5.1 の公称断面積 240 mm² の硬銅より線 (19/4.0) の抵抗を計算せよ．ただし，より込み率を 1.2% とする．

解答 式 (5.2)，(5.3) より，硬銅より線の抵抗 R_N は

$$R_N = \frac{1+k}{N}\frac{1}{58}\frac{100}{C}\frac{l}{A}$$

となるので，より線の素線数 $N = 19$，電線のより込み率 $k = 0.012$，長さ $l = 1000$ [m]，硬銅線の導電率 $C = 97$ [%]，電線の断面積 $A = \frac{1}{4}\pi \times 4^2 = 4\pi$ [mm²] を代入すると，

$$R_N = \frac{1+0.012}{19} \times \frac{1}{58} \times \frac{100}{97} \times \frac{1000}{12.57} = 7.53 \times 10^{-2}\ [\Omega/\mathrm{km}]$$

となる．

なお，式 (5.2) では 1 mm あたりの抵抗値であるが，通常，配電線路の電線の長さは数 km 以上のため，ここでは 1 km あたりの抵抗値を示している．

通常，電力は電圧と電流の積で表される．発電所で発生した電圧は，最大級のものでも 2 万数千ボルトしかないから，このままの電圧で遠隔地まで電力を送ると電流が大きくなり，断面積の大きな導線を使用しなくてはならない．このため，銅線の量が莫大となり，不経済となる．したがって，発電所で発生した電圧を変圧器で昇圧し，

表 5.2 鋼心アルミより線 (JIS C 3110, JEC-3404)

公称断面積 [mm²]	より線構成 素線数/素線径 [mm]		引張荷重 [kg]	参考						
				計算断面積 [mm²]		外径 [mm]		重量 [kg/km]	電気抵抗 [Ω/km]	標準条長 [m]
	アルミ	鋼		アルミ	鋼	アルミ	鋼			
＊810	45/4.8	7/3.2	18480 以上	814.5	56.29	38.4	9.6	2700	0.0356	1600
610	54/3.8	7/3.8	18350 以上	612.4	79.38	34.2	11.4	2320	0.0474	1600
410	26/4.5	7/3.5	13910 以上	413.4	67.35	28.5	10.5	1673	0.0702	1600
330	26/4.0	7/3.1	10950 以上	326.8	52.84	25.3	9.3	1320	0.0888	2000
240	30/3.2	7/3.2	10210 以上	241.3	56.29	22.4	9.6	1110	0.120	2000
＊200	30/2.9	7/2.9	8640 以上	198.2	46.24	20.3	8.7	911.7	0.147	2000
160	30/2.6	7/2.6	6980 以上	159.3	37.16	18.2	7.8	732.8	0.182	2000
120	30/2.3	1/2.3	5540 以上	124.7	29.09	16.1	6.9	573.7	0.233	2000
95	6/4.5	1/4.5	3180 以上	95.40	15.90	13.5	4.5	385.2	0.301	1000
58	6/3.5	1/3.5	1980 以上	57.73	9.621	10.5	3.5	233.1	0.497	1000
32	6/2.6	1/2.6	1140 以上	31.85	5.300	7.8	2.6	128.6	0.899	1000
25	6/2.3	1/2.3	907 以上	24.93	4.155	6.9	2.3	100.7	1.15	1000

備考
1. ＊印は準標準とする.
2. 本表の数値は, 20°C におけるものとする.
3. 計算断面積・外径および重量は, 各素線の標準径に対するものとする. また電気抵抗は, 亜鉛めっき鋼線の導電率約 8 % を無視して, 硬アルミ線の導電率を 61 % とし標準径に対するものとする.
4. 重量および電気抵抗の計算に用いるより込み率は, 右表のとおりとする.

より線構成		より込み率 [%]	
アルミ線	鋼線	アルミ線	鋼線
54	7	2.7	0.5
45	7	2.7	0.5
30	7	2.7	0.5
26	7	2.6	0.5
6	1	1.4	0

5. 本表の引張荷重は, 硬アルミ線の最小引張荷重にその素線数を乗じたものと, 亜鉛めっき鋼線の引張荷重にその素線数を乗じたものとの和の 90 % として計算したものである.
6. 亜鉛めっき鋼線の密度は, 1 cm³ につき 7.8 g とする.
7. 硬アルミ線の密度は, 1 cm³ につき 2.7 g とする.

送電を行っている. 送電電圧として最高のものは線間電圧 500 kV が一般的であるが, 一部では 1000 kV の線路も建設されている.

5.2 インダクタンス

三相 3 線式線路上では, 鉄塔上で 3 条の位置を正三角形に配置することは難しいため, 各 3 線間の自己インダクタンスが同一だとしても各 3 線間の相互インダクタンスが同一でない. したがって, 各相の電圧降下に差が生じることで, 変電所の電圧が不平衡状態に陥いる. そこで, 各線のインダクタンスを把握する必要がある.

半径 r [m] の電線 3 条 a, b, c が, 線間距離 d [m] で, 図 5.1(a) のように正三角形

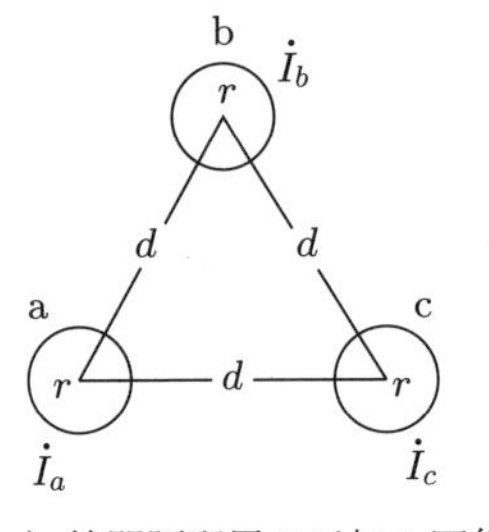

（a）等間隔配置の三相 1 回線

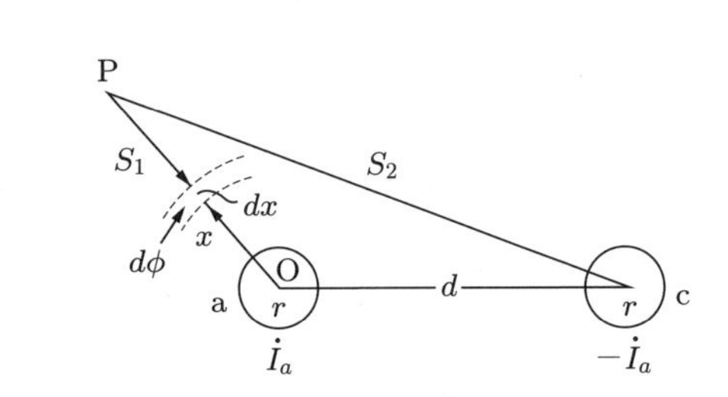

（b）図（a）と等価な往復 2 電線路

図 5.1　三相送電線

の頂点の位置に並行して配置しているものとし，電流の正方向を同一にとる．対称三相交流を $\dot{I}_a$，$\dot{I}_b$，$\dot{I}_c$ とすれば，

$$\dot{I}_a + \dot{I}_b + \dot{I}_c = 0 \tag{5.4}$$

となる．ここで，$\dot{I}_a = I_a$，$\dot{I}_b = \alpha^2 I_a$，$\dot{I}_c = \alpha I_a$ なので，

$$\dot{I}_b + \dot{I}_c = (\alpha^2 + \alpha) I_a = -\dot{I}_a \tag{5.5}$$

が得られる．

したがって，線間距離の等しい三相 3 線式の線路は，図 5.1(b) のように往復 2 線式の単相線路に置換できるので，この単相線路で考えればよい．

インダクタンスは，電流と磁束鎖交数により求められる．まず，電線 a に電流 I_a が流れているとき，電線 a の中心 O からの距離が S_1 の点 P までの磁束数を求める．中心 O からの距離が x の点の微小 dx なる幅と電線の単位長の円環を通る磁束 $d\phi$ は，磁束密度 B，磁界の強さを H，真空の透磁率を μ_0 とおけば，

$$d\phi = B dx = \mu_0 H dx = \frac{4\pi \times 10^{-7} \times I_a}{2\pi x} dx = \frac{2 I_a \times 10^{-7} \times dx}{x} \tag{5.6}$$

と表されるので，電線 a の表面から点 P までの磁束 ϕ_{rS_1} は

$$\phi_{rS_1} = \int_r^{S_1} d\phi = 2 I_a \times 10^{-7} \times \ln \frac{S_1}{r} \tag{5.7}$$

となる．

同様にして，電線 c(b) の電流 $-I_a$ によって生じる磁束のうち，電線 a の電流 I_a と鎖交する磁束 ϕ_{dS_2} は次式となる．

$$\phi_{dS_2} = -2 I_a \times 10^{-7} \times \ln \frac{S_2}{d} \tag{5.8}$$

したがって，導体 a の電流 I_a と鎖交する磁束鎖交数 ψ_{ab} は

$$\psi_{ab} = I_a(\phi_{rS_1} + \phi_{dS_2}) = 2{I_a}^2 \times 10^{-7} \times \left(\ln\frac{S_1}{r} - \ln\frac{S_2}{d}\right) \qquad (5.9)$$

となる．ここで，点 P を $S_1 = S_2 = S$ となるように遠距離に選ぶと，

$$\psi_{ab} = 2{I_a}^2 \times 10^{-7} \times \ln\frac{d}{r} \qquad (5.10)$$

が得られる．

つぎに，電線 a の内部について考える．図 5.2 において，中心 O からの距離が x の点で幅 dx と電線の単位長の円環を通る磁束 $d\phi$ は，式 (5.6) に準じて次式で表される．

$$\begin{aligned} d\phi &= Bdx = \mu_0\mu_s H dx = \frac{\mu_0\mu_s I_a}{2\pi x}\frac{\pi x^2}{\pi r^2}dx \\ &= \frac{2I_a\mu_s \times 10^{-7} \times x}{r^2}dx \end{aligned} \qquad (5.11)$$

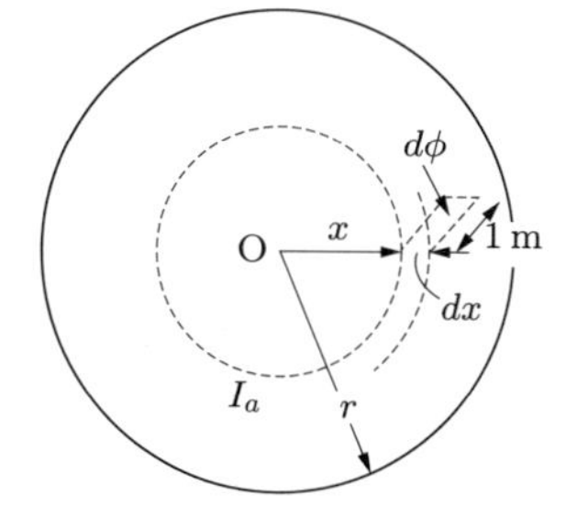

図 5.2 導線内部のインダクタンス

この磁束 $d\phi$ は，その内部 $0 \sim x$ までの電流，$I_{0x} = \dfrac{I_a \pi x^2}{\pi r^2} = \dfrac{I_a x^2}{r^2}$ と鎖交するので，半径 r の内部の電線の全電流磁束鎖交数 ψ_a はつぎのようになる．

$$\psi_a = \int I_{0x} d\phi = \frac{2{I_a}^2\mu_s \times 10^{-7}}{r^4}\int_0^r x^3 dx = \frac{{I_a}^2\mu_s}{2} \times 10^{-7} \qquad (5.12)$$

したがって，電線 a の電流 I_a と鎖交する全磁束鎖交数 ψ_0 は，式 (5.10) と式 (5.12) の和で表され，$\psi_0 = \psi_a + \psi_{ab}$ となり，電線 a の単位長の**作用インダクタンス** L_a は，$L_a = \dfrac{\psi_0}{{I_a}^2}$ で求められるので，

$$L_a = \left(\frac{\mu_s}{2} + 2\ln\frac{d}{r}\right) \times 10^{-7}\ [\mathrm{H/m}] \qquad (5.13)$$

がわかる．

硬銅線や鋼心アルミより線では，比透磁率 $\mu_s \fallingdotseq 1$ とみなされ，MKSA 単位系を用いて実用単位で表すと，式 (5.13) はつぎのようになる．

$$L = 0.05 + 0.46 \log_{10} \frac{d}{r} \ \text{[mH/km]} \tag{5.14}$$

三相送電線路においては，電線の配置が正三角形でなく，線間距離 d_{ab}，d_{bc}，d_{ca} と等しくなく，垂直とか水平に配置される場合も多いが，実用上は，図 5.3 のように**ねん架**を完全とみなし，次式の幾何平均 d を求め，式 (5.14) に代入して計算すればよい．

$$d = \sqrt[3]{d_{ab} d_{bc} d_{ca}} \tag{5.15}$$

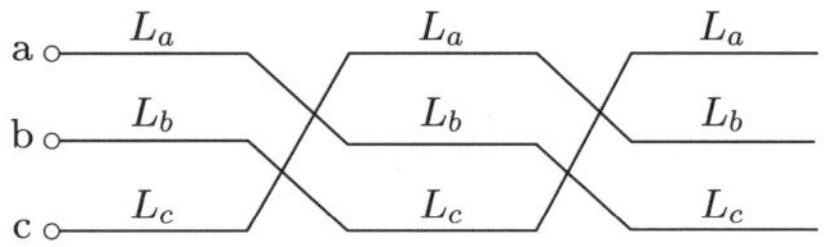

a　L_a　L_a　L_a
b　L_b　L_b　L_b
c　L_c　L_c　L_c

図 5.3　ねん架

式 (5.14) の L を，1 線の中性点に対する作用インダクタンスという．これは図 5.3 のように，ねん架の完全な三相送電線に平衡三相電流を流したときの各線のインダクタンスである．

電線 a の電流 $\dot{I}_a$ によって生じた磁束 $\dot{\phi}_a$ は，全部 $\dot{I}_a$ と鎖交する．大地を帰路としてインダクタンスを L_e とすれば，$\dot{\phi}_a = L_e \dot{I}_a$ で表される．電線 b の電流 $\dot{I}_b$ によって生じた磁束のうち，電線 a の電流 $\dot{I}_a$ と鎖交する磁束を $\dot{\phi}_{ab}$ とし，電線 a，b 間の相互インダクタンスを L_m とすると，$\dot{\phi}_{ab} = L_m \dot{I}_b$ となる．

同様に，電線 c の電流 $\dot{I}_c$ によって生じる磁束のうち，電線 a の電流 $\dot{I}_a$ と鎖交する磁束を $\dot{\phi}_{ac}$ とし，電線 a，c 間の相互インダクタンスを L_m とすると，$\dot{\phi}_{ac} = L_m \dot{I}_c$ となり，電線 a の電流と鎖交する全磁束鎖交数 $\dot{\phi}_{a0}$ は $L\dot{I}_a$ に等しく，式 (5.5) を用いて

$$\begin{aligned} \dot{\phi}_{a0} &= \dot{\phi}_a + \dot{\phi}_{ab} + \dot{\phi}_{ac} = L_e \dot{I}_a + L_m \dot{I}_b + L_m \dot{I}_c \\ &= (L_e - L_m) \dot{I}_a = L \dot{I}_a \end{aligned} \tag{5.16}$$

$$L = L_e - L_m \tag{5.17}$$

となる．

すなわち，三相線路の 1 線あたりの作用インダクタンスは実用上，大地の存在に無関係である．

また，図 5.4 の三相送電線の各線に同じ電線 $\dot{I}_0$ が流れたときの 1 線あたりの零相インダクタンス L_0 は，式 (5.16) で $\dot{I}_a = \dot{I}_b = \dot{I}_c = \dot{I}_0$ であるから，

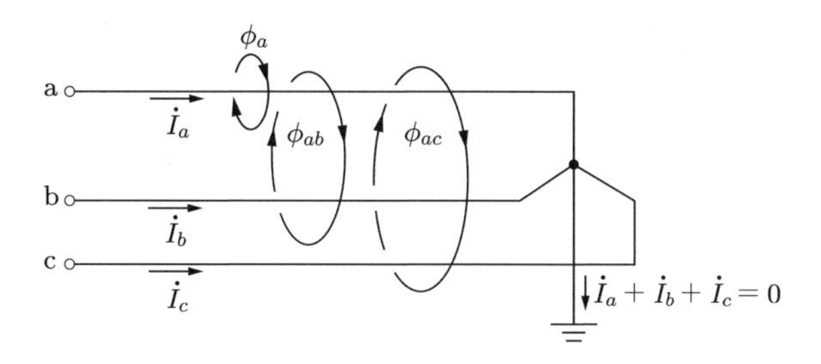

図 5.4　作用インダクタンス

$$L_0 = L_e + 2L_m \tag{5.18}$$

となる．多くの送電線路のこれらの概数として

$$L_e = 2.3 \text{ [mH/km]}, \qquad L_m = 1.0 \text{ [mH/km]}$$

であるから，

$$L = 1.3 \text{ [mH/km]}, \qquad L_0 = 4.3 \text{ [mH/km]}$$

となる．

通常，ねん架の完全な三相送電線では，直列共振による異常電圧や通信線などへの誘導障害を軽減することができる．

5.3 静電容量

5.2 節の図 5.1 の説明で述べたように，平衡三相線路は等価的に単相 2 電線路と考えてよいので，図 5.5 の電線の半径 r，線間距離 d の電線 a，b の中性点に対する**静電容**

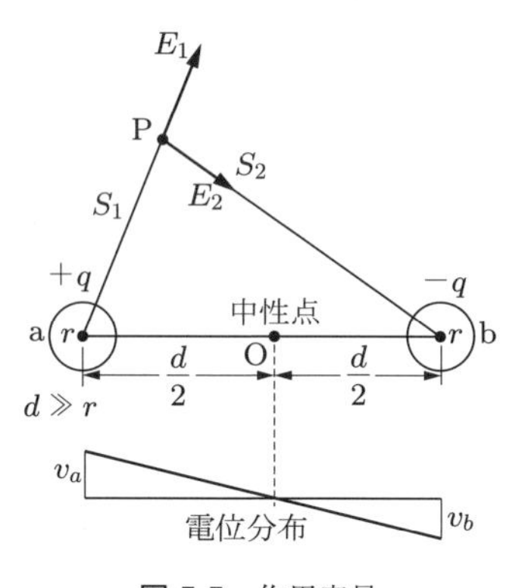

図 5.5　作用容量

量，すなわち**作用容量（作用静電容量）**を計算してみよう．

はじめに，電線の単位長の電荷を $\pm q$ とおき，電線 a の中心から距離 S_1，電線 b の中心から距離 S_2 の点 P の電位 v_p を求める．まず，電線 a の単位長の電荷 q による点 P での電界の強さ E_1 は

$$E_1 = \frac{q}{2\pi S_1 \varepsilon_0}$$

である．ここで，ε_0 は真空の誘電率である．これによる点 P の電位 v_{p1} は，次式のようになる．

$$v_{p1} = -\int E_1 dS_1 = -\frac{q}{2\pi\varepsilon_0} \ln S_1 + A_1$$

同様に，電線 b の単位長の電荷 $-q$ による点 P の電界の強さ E_2 は

$$E_2 = -\frac{q}{2\pi S_2 \varepsilon_0}$$

である．これによる点 P の電位 v_{p2} は，次式のようになる．

$$v_{p2} = -\int E_2 dS_2 = \frac{q}{2\pi\varepsilon_0} \ln S_2 + A_2$$

したがって，点 P の電位 v_p は

$$v_p = v_{p1} + v_{p2} = \frac{q}{2\pi\varepsilon_0} \ln \frac{S_2}{S_1} + A_1 + A_2 \tag{5.19}$$

となる．

$A_1 + A_2$ の積分定数を求めるために，点 P を電線 a，b の中性点 O に選ぶと，$S_1 = S_2 = \dfrac{d}{2}$ で，$v_p = 0$ となるので，$A_1 + A_2 = 0$ となり次式が得られる．

$$v_p = \frac{q}{2\pi\varepsilon_0} \ln \frac{S_2}{S_1} \tag{5.20}$$

よって，電線 a の中性点 O に対する電位を v_a とおけば，上式 (5.20) に $S_1 = r$，$S_2 = d$ を代入すると

$$v_a = \frac{q}{2\pi\varepsilon_0} \ln \frac{d}{r} \tag{5.21}$$

となる．

したがって，電線 a の中性点 O に対する静電容量，すなわち作用容量 C は，次式で表される．

$$C = \frac{q}{v_a} = \frac{1}{\dfrac{1}{2\pi\varepsilon_0} \ln \dfrac{d}{r}} = \frac{0.02413}{\log_{10} \dfrac{d}{r}} \ [\mu\text{F/km}] \tag{5.22}$$

以上は，いずれもMKSA単位系を用いた．電線bについてもまったく同じ値である．また，ねん架を完全とみなし，dは式(5.15)を用いればよい．

1回線の三相線路において，ねん架が完全とすれば，図5.6に示すように，三つの対地静電容量C_sと三つの線間容量C_mが存在するので，1線の中性点に対する作用容量Cは，図5.7より

$$C = C_s + 3C_m \tag{5.23}$$

となるので，こう長l [km]の線路に角速度$\omega = 2\pi f$の平衡三相電圧Vを印加すると，各線を流れる充電電流I_cは

$$I_c = \omega Cl\frac{V}{\sqrt{3}} = 2\pi f(C_s + 3C_m)l\frac{V}{\sqrt{3}} \tag{5.24}$$

となる．これらの概数値は，たとえば，154 kV系統の1回線（地線あり）において

$$C_s = 0.0052\ [\mu\mathrm{F/km}], \qquad C_m = 0.00132\ [\mu\mathrm{F/km}]$$

である．

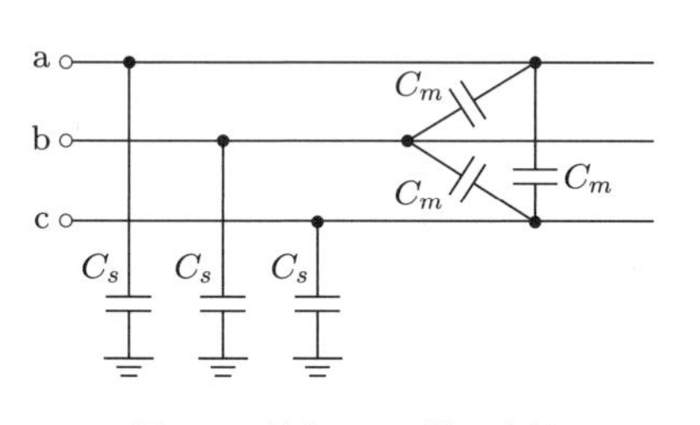

図5.6　対地および線間容量

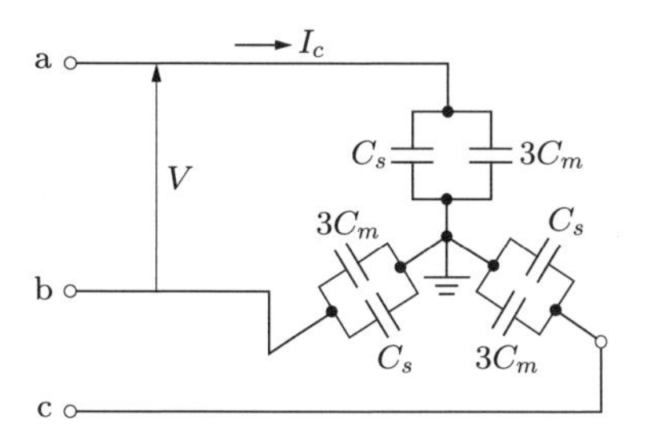

図5.7　作用容量

5.4 多導体線路の効果

多導体線路とは，図5.8のように三相送電線の一相の電線を一導体だけでなく複数の導体で構成する線路である．275 kVの送電線では**2導体**で，500 kVの送電線では**4導体**が，1000 kVの送電線では**8導体**が，それぞれ採用されている．多導体にはつぎのような利点がある．

- 単導体と合計断面積が等しい多導体と比べると，多導体では電流容量が多くとれるので送電容量が増加する．また，電線のインダクタンスが減少し，静電容量が増加するので，送電容量がいくらか増加する．

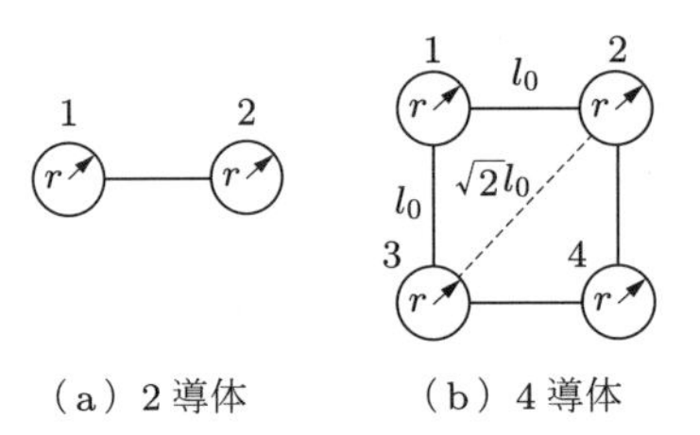

図 5.8　多導体の配置

- 電線表面の電界強度が低減してコロナ開始電圧が高くなるので，コロナの発生および雑音障害を防止できる．
- 安定度が増す．

多導体の線路定数を求めよう．

多導体は，1 相分が複数の導体で構成されている．このため，電線の等価半径は，多導体を構成する各導体である素導体に比べて，インダクタンス L [mH] は約 20〜30 % 減少し，静電容量 C [μF] は逆に 20〜30 % 増加する．

ここで，素導体の半径を r [m]，素導体数 n，等価素導体間隔を l [m] とすると

$$re = \sqrt[n]{rl^{n-1}} \tag{5.25}$$

となる．

図 5.8(b) の正方形の一辺が l_0 の 4 導体の等価素導体間隔 l [m] は，

$$l = \sqrt[3]{l_0 \times \sqrt{2}l_0 \times l_0} = \sqrt[6]{2}l_0 \tag{5.26}$$

となる．また，n 導体方式の作用インダクタンスは $\mu_s = 1$ [H/m]，線間距離 D [m] には $D \gg l \gg r$ が成立すると仮定して，式 (5.26) を参考に

$$L_n = \frac{0.05}{n} + 0.4605 \log_{10} \frac{D}{\sqrt[n]{rl^{n-1}}} \ \text{[mH/km]} \tag{5.27}$$

が得られる．

静電容量についても，等価素導体半径を考慮して，つぎのようになる．

$$C_n = \frac{0.02413}{\log_{10} \dfrac{D}{\sqrt[n]{rl^{n-1}}}} \ [\mu\text{F/km}] \tag{5.28}$$

演習問題

5.1　三相送電線路の作用インダクタンスを説明せよ．

5.2　三相送電線路の作用容量を説明せよ．

5.3　つぎの語句について説明せよ．

(1)　表皮効果　　(2)　ねん架　　(3)　多導体

5.4　三相送電線の 3 線に同じ大きさ，同じ位相の電流を流したときの 1 線あたりのインダクタンスを求めよ．ただし，1 線の大地を帰路とするインダクタンスを 2.3 mH/km とし，線間の相互インダクタンスを 1.0 mH/km とする．

5.5　$C_s = 0.005$ [μF/km]，$C_m = 0.0014$ [μF/km]，長さ 100 km の三相送電線がある．これに送電電圧 154000 V，周波数 60 Hz を加えたとき，1 線を流れる充電電流を求めよ．

5.6　ある長さ，ある周波数の三相 1 回線がある．3 線を一括して，これと大地間に Y 電圧を加えて充電したとき，全充電電流は 60 A であった．また，この送電線に平衡三相電圧を加えたとき，1 線を流れる電流は 32 A であった．対地容量と線間容量との比を求めよ．

5.7　こう長 100 km の平行 2 線がある．問図 5.1(a) に示すように，その間に 20 kV の電圧を加えて往復に電流を流す場合，また同図 (b) に示すように，10 kV の電圧を加えて並行に電流を流す場合について，それぞれの場合の発電機電流を求めよ．ただし，周波数は 60 Hz とし，1 線の自己インダクタンスは 2.34 mH/km，2 線間の相互インダクタンスは 1.05 mH/km とする．

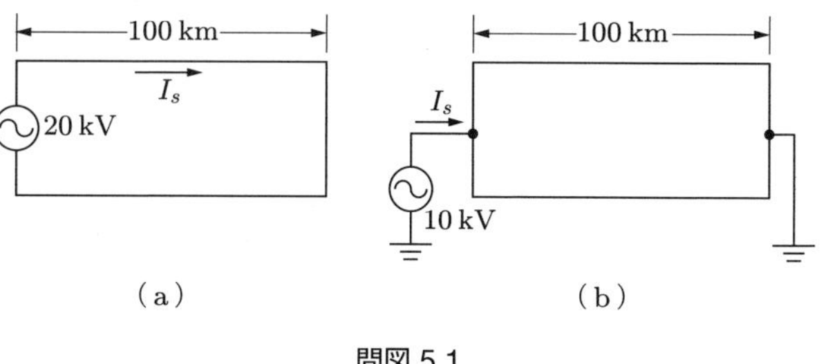

問図 5.1

6 送電線路の電気的特性

発電所から変電所までの線路では，直列の抵抗やインダクタンス，並列の静電容量などが存在するため，線路に分布して線路定数が存在すると考え，分布定数回路としてみなす必要がある．これらの線路上の計算は，多くの労力と時間を費やすが，集中定数回路で計算することで簡略化することができる．

この章では，まずは，一般的な分布定数回路について解説し，代表的な集中定数回路である T 回路と π 回路について詳細に述べる．その後，送電線路でのフェランチ効果や自己励磁作用について述べる．

6.1 線路での分布定数回路

図 6.1 の送電線路の中性点に対する単位長のインピーダンスを $\dot{z}=\sqrt{\dfrac{j\omega l+r}{j\omega C+G}}=r+jx$，アドミタンスを $\dot{y}=g+j\omega C$ とし，送電端からの距離が x の点の電圧を e，電流を i とすれば，微小 dx について次式が成立する．

$$\left.\begin{aligned} i-\left(i+\frac{\partial i}{\partial x}dx\right)&=\dot{y}dxe \\ e-\left(e+\frac{\partial e}{\partial x}dx\right)&=\dot{z}dxi \end{aligned}\right\} \tag{6.1}$$

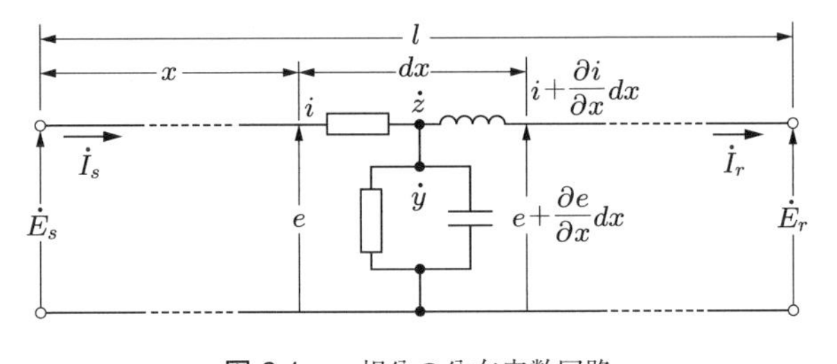

図 6.1　一相分の分布定数回路

$$\therefore \quad \left.\begin{aligned} -\frac{\partial i}{\partial x} &= \dot{y}e \\ -\frac{\partial e}{\partial x} &= \dot{z}i \end{aligned}\right\} \tag{6.2}$$

ここで，r，g，C，x は，それぞれ線路の単位あたりの抵抗，コンダクタンス，キャパシタンス，リアクタンスであり，ω は角周波数である．

式 (6.2) を x で微分し整理すると，つぎのようになる．

$$\left.\begin{aligned} \frac{\partial^2 i}{\partial x^2} &= \dot{y}\frac{\partial e}{\partial x} = \dot{z}\dot{y}i \\ \frac{\partial^2 e}{\partial x^2} &= \dot{z}\frac{\partial i}{\partial x} = \dot{z}\dot{y}e \end{aligned}\right\} \tag{6.3}$$

式 (6.3) の電流 i の一般解を $i = Ae^{px}$ とおき，同式より p を求めると，$p = \pm\sqrt{\dot{z}\dot{y}}$ となる．ここで，**伝搬定数** $\dot{\gamma}$，**特性インピーダンス** $\dot{z}_\omega$ を次式のように定義する．

$$\dot{\gamma} = \sqrt{\dot{z}\dot{y}}\ [\mathrm{rad}] \tag{6.4}$$

$$\dot{z}_\omega = \sqrt{\frac{\dot{z}}{\dot{y}}}\ [\Omega] \tag{6.5}$$

すると，i はつぎのように表される．

$$\begin{aligned} \therefore \quad i &= A_1 e^{\dot{\gamma}x} + A_2 e^{-\dot{\gamma}x} \\ &= A_1(\cosh\dot{\gamma}x + \sinh\dot{\gamma}x) + A_2(\cosh\dot{\gamma}x - \sinh\dot{\gamma}x) \\ &= (A_1 + A_2)\cosh\dot{\gamma}x + (A_1 - A_2)\sinh\dot{\gamma}x \\ &= B_1\cosh\dot{\gamma}x + B_2\sinh\dot{\gamma}x \end{aligned} \tag{6.6}$$

ここで，$B_1 = A_1 + A_2$，$B_2 = A_1 - A_2$ とした．式 (6.6) を式 (6.2) に代入すると，

$$\begin{aligned} e &= -\frac{1}{\dot{y}}\frac{\partial i}{\partial x} = -\frac{1}{y}(\dot{\gamma}B_1\sinh\dot{\gamma}x + \dot{\gamma}B_2\cosh\dot{\gamma}x) \\ &= -\sqrt{\frac{\dot{z}}{\dot{y}}}(B_1\sinh\dot{\gamma}x + B_2\cosh\dot{\gamma}x) \\ &= -\dot{z}_\omega(B_1\sinh\dot{\gamma}x + \dot{B}_2\cosh\dot{\gamma}x) \end{aligned} \tag{6.7}$$

となる．

図 6.1 の分布定数回路において

$$x = 0, \qquad e = \dot{E}_s, \qquad i = \dot{I}_s$$

であるから，これらを式 (6.6) と式 (6.7) に代入する．

$$\dot{I}_s = B_1, \qquad \dot{E}_s = -\dot{z}_\omega B_2$$

$$\therefore \quad B_2 = -\frac{\dot{E}_s}{\dot{z}_\omega}$$

よって，B_1 と B_2 の値を式 (6.6) と式 (6.7) に代入すると，つぎのようになる．

$$\left.\begin{aligned} e &= -\dot{z}_\omega\left(\dot{I}_s \sinh\dot{\gamma}x - \frac{\dot{E}_s}{\dot{Z}_\omega}\cosh\dot{\gamma}x\right) \\ &= \dot{E}_s\cosh\dot{\gamma}x - \dot{Z}_\omega\dot{I}_s\sinh\dot{\gamma}x \\ i &= \dot{I}_s\cosh\dot{\gamma}x - \frac{\dot{E}_s}{\dot{Z}_\omega}\sinh\dot{\gamma}x \end{aligned}\right\} \tag{6.8}$$

また，図 6.1 の分布定数回路において，$x = l$ で

$$e = \dot{E}_r, \qquad i = \dot{I}_r$$

であるから，式 (6.8) に代入すれば，

$$\left.\begin{aligned} \dot{E}_r &= \dot{E}_s\cosh\dot{\gamma}l - \dot{Z}_\omega\dot{I}_s\sinh\dot{\gamma}l \\ \dot{I}_r &= \dot{I}_s\cosh\dot{\gamma}l - \frac{\dot{E}_s}{\dot{Z}_\omega}\sinh\dot{\gamma}l \end{aligned}\right\} \tag{6.9}$$

となる．この式 (6.9) を $\dot{E}_s$，$\dot{I}_s$ について求めると，次式が得られる．

$$\dot{E}_s = \dot{E}_r\cosh\dot{\gamma}l + \dot{I}_r\dot{Z}_\omega\sinh\dot{\gamma}l \tag{6.10}$$

$$\dot{I}_s = \frac{\dot{E}_r}{\dot{Z}_\omega}\sinh\dot{\gamma}l + \dot{I}_r\cosh\dot{\gamma}l \tag{6.11}$$

注　双曲線関数の定義と公式

双曲線関数はつぎのように定義される．

$$\sinh x = \frac{e^x - e^{-x}}{2} \tag{6.12}$$

$$\cosh x = \frac{e^x + e^{-x}}{2} \tag{6.13}$$

$$\tanh x = \frac{\sinh x}{\cosh x} = \frac{e^x - e^{-x}}{e^x + e^{-x}} \tag{6.14}$$

これらを図示すると，図 6.2 のようになる．したがって，x が 0 のとき，$\cosh = 1$，$\sinh = 0$，$\tanh = 0$ となる．また，x が大きいときは，e^{-x} は 0 に近づくので，

$$\sinh x \fallingdotseq \cosh x \fallingdotseq \frac{e^x}{2}, \qquad \tanh x \fallingdotseq 1$$

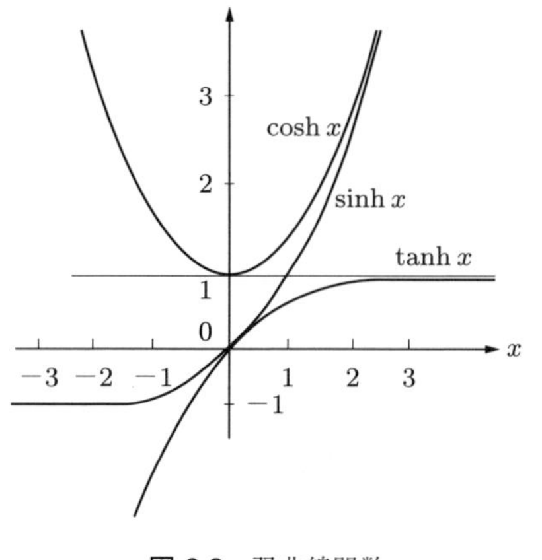

図 6.2 双曲線関数

となる．よって，つぎの公式

$$\cosh^2 x - \sinh^2 x \tag{6.15}$$

が得られる．

6.2 四端子定数

図 6.1 の分布定数回路は，抵抗，インダクタンス，コンデンサなどの線路定数が電線路に一様に分布した回路である．線路こう長が 200 km 以上の長距離送電線路では，このように分布定数回路として取り扱う．この場合，送電端相電圧 $\dot{E}_s$ および送電端相電流 $\dot{I}_s$，受電端相電圧 $\dot{E}_r$ および受電端相電流 $\dot{I}_r$ とすると，式 (6.10)，(6.11) より，**四端子定数** $\dot{A}$，$\dot{B}$，$\dot{C}$，$\dot{D}$ を用いて，図 6.3 の四端子回路で表すことができる．

$$\left.\begin{aligned} \dot{E}_s &= \dot{A}\dot{E}_r + \dot{B}\dot{I}_r \\ \dot{I}_s &= \dot{C}\dot{E}_r + \dot{D}\dot{I}_r \end{aligned}\right\} \tag{6.16}$$

式 (6.16) を行列で表すと，

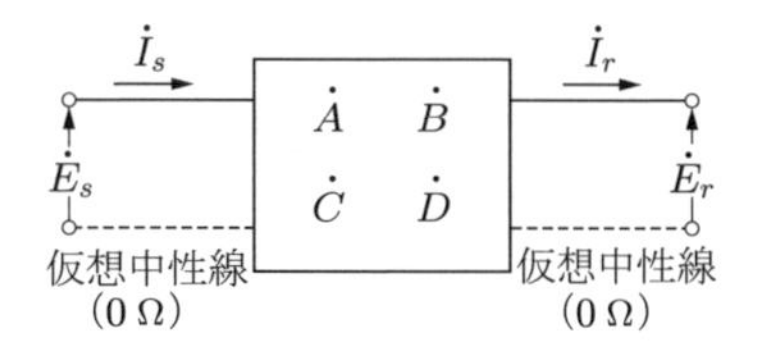

図 6.3 四端子回路

$$\begin{bmatrix} \dot{E}_s \\ \dot{I}_s \end{bmatrix} = \begin{bmatrix} \dot{A} & \dot{B} \\ \dot{C} & \dot{D} \end{bmatrix} \begin{bmatrix} \dot{E}_r \\ \dot{I}_r \end{bmatrix} \tag{6.17}$$

となる．ここで，

$$\left.\begin{aligned} \dot{A} &= \cosh \dot{\gamma} l \\ \dot{B} &= \dot{Z}_\omega \sinh \dot{\gamma} l \quad [\Omega] \\ \dot{C} &= \frac{1}{\dot{Z}_\omega} \sinh \dot{\gamma} l \quad [\mathrm{S}] \\ \dot{D} &= \cosh \dot{\gamma} l \end{aligned}\right\} \tag{6.18}$$

である．したがって，

$$\dot{A}\dot{D} - \dot{B}\dot{C} = 1 \tag{6.19}$$

の関係がある．

50 Hz および 60 Hz の送電線では，こう長が数百 km になっても $\dot{\gamma} l$ は 1 に比べて小さい．よって，$\cosh \dot{\gamma} l$，$\sinh \dot{\gamma} l$ をつぎのようにテイラー展開して第 2 項か第 3 項くらいまでとれば，十分正確な値が得られる．

$$\left.\begin{aligned} \dot{A} = \dot{D} = \cosh \dot{\gamma} l &= 1 + \frac{(\dot{\gamma} l)^2}{2!} + \frac{(\dot{\gamma} l)^4}{4!} + \cdots \\ &\fallingdotseq 1 + \frac{\dot{Z}\dot{Y}}{2} + \frac{\dot{Z}\dot{Y}}{24} \\ \dot{B} = \dot{Z}_\omega \sinh \dot{\gamma} l &= \dot{Z}_\omega \left\{ \dot{\gamma} l + \frac{(\dot{\gamma} l)^3}{3!} + \frac{(\dot{\gamma} l)^5}{5!} + \cdots \right\} \\ &\fallingdotseq \dot{Z} \left\{ 1 + \frac{\dot{Z}\dot{Y}}{6} + \frac{(\dot{Z}\dot{Y})^2}{120} \right\} \\ \dot{C} = \frac{1}{\dot{Z}_\omega} \sinh \dot{\gamma} l &= \frac{1}{\dot{Z}_\omega} \left\{ \dot{\gamma} l + \frac{(\dot{\gamma} l)^3}{3!} + \frac{(\dot{\gamma} l)^5}{5!} + \cdots \right\} \\ &\fallingdotseq \dot{Y} \left\{ 1 + \frac{\dot{Z}\dot{Y}}{6} + \frac{(\dot{Z}\dot{Y})^2}{120} \right\} \end{aligned}\right\} \tag{6.20}$$

ただし，$\dot{z} l = \dot{Z}$，$\dot{y} l = \dot{Y}$，$\dot{\gamma} l = \sqrt{\dot{Z}\dot{Y}}$，$\dot{Z}_\omega = \sqrt{\dfrac{\dot{Z}}{\dot{Y}}}$ である．

図 6.3 枠内の回路状態によって，四端子定数は，表 6.1 のようにそれぞれ表される．

表 6.1

回路状態 ＼ 回路定数	$\dot{Z}$	$\dot{Y}$	$\frac{\dot{Z}}{2}$　$\frac{\dot{Z}}{2}$　$\dot{Y}$	$\dot{Z}$　$\frac{1}{2}\dot{Y}$　$\frac{1}{2}\dot{Y}$
$\dot{A}$	1	1	$1+\frac{\dot{Z}\dot{Y}}{2}$	$1+\frac{\dot{Z}\dot{Y}}{2}$
$\dot{B}$	$\dot{Z}$	0	$\dot{Z}\left(1+\frac{\dot{Z}\dot{Y}}{4}\right)$	$\dot{Z}$
$\dot{C}$	0	$\dot{Y}$	$\dot{Y}$	$\dot{Y}\left(1+\frac{\dot{Z}\dot{Y}}{4}\right)$
$\dot{D}$	1	1	$1+\frac{\dot{Z}\dot{Y}}{2}$	$1+\frac{\dot{Z}\dot{Y}}{2}$

6.3 送電線路の簡易等価回路

上述したように，1 線の中性点に対する全線路の直列インピーダンス $\dot{Z}$ と，全線路のアドミタンス $\dot{Y}$ は，電線 1 条の 1 km あたりの抵抗を r [Ω/km]，電線 1 条の 1 km あたりの作用インダクタンスを L [mH/km]，作用容量を C [μF/km]，周波数を f [Hz]，送電線のこう長を l [km] とすると，次式で表される．

$$\dot{Z} = (r + j2\pi fL \times 10^{-3})l \ [\Omega] \tag{6.21}$$

$$\dot{Y} = j2\pi fCl \times 10^{-6} \ [\mathrm{S}] \tag{6.22}$$

（1）アドミタンス $\dot{Y}$ を無視した送電線

この送電線は，図 6.1 において $\dot{y}l = \dot{Y} = 0$ であるから，図 6.4 で表され，次式が成立する．

$$\left.\begin{aligned} \dot{E}_s &= \dot{E}_r + \dot{Z}\dot{I}_r \\ \dot{I}_s &= \dot{I}_r \end{aligned}\right\} \tag{6.23}$$

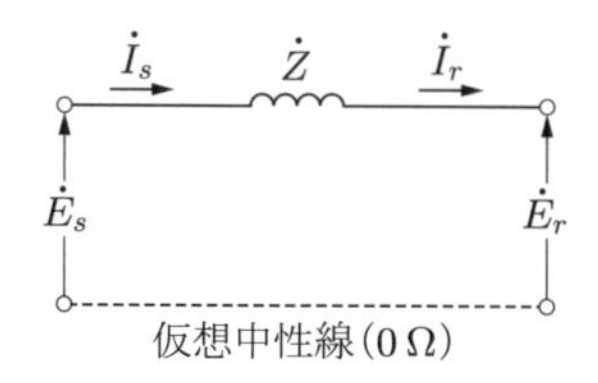

図 6.4　アドミタンスを無視した線路

行列で表示すると，

$$\begin{bmatrix} \dot{E}_s \\ \dot{I}_s \end{bmatrix} = \begin{bmatrix} 1 & \dot{Z} \\ 0 & 1 \end{bmatrix} \begin{bmatrix} \dot{E}_r \\ \dot{I}_r \end{bmatrix} \tag{6.24}$$

となる．式 (6.17) と比較すると，四端子定数は $\dot{A}=1$，$\dot{B}=\dot{Z}$，$\dot{C}=0$，$\dot{D}=1$ となり，確かに $\dot{A}\dot{D}-\dot{B}\dot{C}=1$ となる．

（2）　T 回路

分布定数回路で表した電圧の式 (6.10) をテイラー展開して式 (6.20) を代入し，第 2 項以降などを無視した簡易回路より作り出した回路を**T 回路**といい，図 6.5 で表される．すなわち，T 回路は，全線路のインピーダンス $\dot{Z}$ を 2 分し，その中央に全線路のアドミタンス $\dot{Y}$ をおいたもので，T 形を表す．このとき，次式が成立する．ここで，$\dot{Y}$ の端子電圧を $\dot{E}_c$，電流を $\dot{I}_c$ とおく．

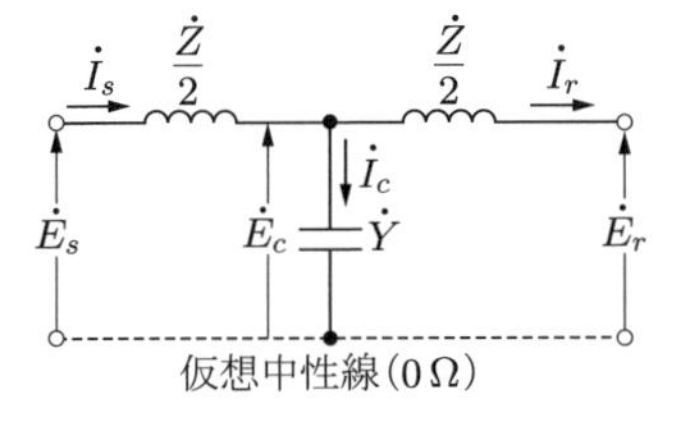

図 6.5　T 回路

$$\dot{E}_c = \dot{E}_r + \frac{\dot{Z}}{2}\dot{I}_r, \qquad \dot{I}_s = \dot{I}_c + \dot{I}_r$$

$$\dot{I}_c = \dot{Y}\dot{E}_c = \dot{Y}\left(\dot{E}_r + \frac{\dot{Z}}{2}\dot{I}_r\right) = \dot{Y}\dot{E}_r + \frac{\dot{Z}\dot{Y}}{2}\dot{I}_r$$

$$\left.\begin{aligned} \dot{E}_s &= \dot{E}_c + \dot{I}_s\frac{\dot{Z}}{2} = \dot{E}_r + \frac{\dot{Z}}{2}\dot{I}_r + (\dot{I}_c + \dot{I}_r)\frac{\dot{Z}}{2} \\ &= \dot{E}_r + \frac{\dot{Z}}{2}\dot{I}_r + \left(\dot{Y}\dot{E}_r + \frac{\dot{Z}\dot{Y}}{2}\dot{I}_r + \dot{I}_r\right)\frac{\dot{Z}}{2} \\ \therefore \quad &= \dot{E}_r\left(1 + \frac{\dot{Z}\dot{Y}}{2}\right) + \dot{I}_r\dot{Z}\left(1 + \frac{\dot{Z}\dot{Y}}{4}\right) \\ \dot{I}_s &= \dot{I}_c + \dot{I}_r = \dot{Y}\dot{E}_r + \frac{\dot{Z}\dot{Y}}{2}\dot{I}_r + \dot{I}_r \\ &= \dot{Y}\dot{E}_r + \dot{I}_r\left(1 + \frac{\dot{Z}\dot{Y}}{2}\right) \end{aligned}\right\} \tag{6.25}$$

$$\therefore \quad \begin{bmatrix} \dot{E}_s \\ \dot{I}_s \end{bmatrix} = \begin{bmatrix} 1 + \dfrac{\dot{Z}\dot{Y}}{2} & \dot{Z}\left(1 + \dfrac{\dot{Z}\dot{Y}}{4}\right) \\ \dot{Y} & 1 + \dfrac{\dot{Z}\dot{Y}}{2} \end{bmatrix} \begin{bmatrix} \dot{E}_r \\ \dot{I}_r \end{bmatrix} \tag{6.26}$$

式 (6.26)，(6.17) より，T 回路の四端子定数は

$$\dot{A} = \dot{D} = 1 + \frac{\dot{Z}\dot{Y}}{2}, \qquad \dot{B} = \dot{Z}\left(1 + \frac{\dot{Z}\dot{Y}}{4}\right), \qquad \dot{C} = \dot{Y}$$

となり，確かに $\dot{A}\dot{D} - \dot{B}\dot{C} = 1$ となる．

(3)　π 回路

T 回路と同様にして，分布定数回路の電流の式 (6.11) をテイラー展開し，簡略化した回路で，図 6.6 に示すように π 形に配置したもので，全線路のインピーダンス $\dot{Z}$ を中央に，全線路のアドミタンスを 2 分し，その両端においたものが，**π 回路**である．

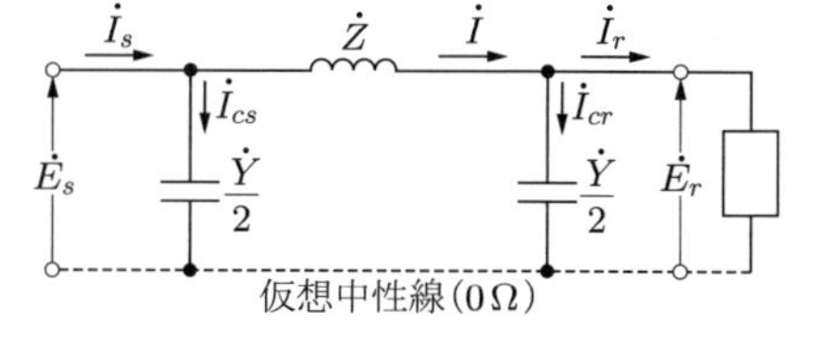

図 6.6　π 回路

受電端および送電端の $\dfrac{\dot{Y}}{2}$ を流れる電流を，それぞれ $\dot{I}_{cr}$，$\dot{I}_{cs}$，インピーダンス $\dot{Z}$ を流れる電流を $\dot{I}$ とおけば，次式が成立する．

$$\dot{I}_{cr} = \frac{\dot{Y}}{2}\dot{E}_r, \qquad \dot{I} = \dot{I}_{cr} + \dot{I}_r$$

$$\dot{E}_s = \dot{E}_r + \dot{Z}\dot{I} = \dot{E}_r + \dot{Z}(\dot{I}_{cr} + \dot{I}_r) = \dot{E}_r + \dot{Z}\left(\frac{\dot{Y}}{2}\dot{E}_r + \dot{I}_r\right)$$

$$= \dot{E}_r\left(1 + \frac{\dot{Z}\dot{Y}}{2}\right) + \dot{Z}\dot{I}_r$$

$$\dot{I}_s = \dot{I} + \dot{I}_{cs} = \dot{I}_{cr} + \dot{I}_r + \dot{I}_{cs}$$

$$= \frac{\dot{Y}}{2}\dot{E}_r + \dot{I}_r + \frac{\dot{Y}}{2}\dot{E}_r\left(1 + \frac{\dot{Z}\dot{Y}}{2}\right) + \frac{\dot{Y}}{2}\dot{Z}\dot{I}_r$$

$$= \dot{Y}\dot{E}_r\left(1+\frac{\dot{Z}\dot{Y}}{4}\right)+\dot{I}_r\left(1+\frac{\dot{Z}\dot{Y}}{2}\right)$$

これらを整理すれば，送電端の電圧 $\dot{E}_s$ と電流 $\dot{I}_s$ はつぎのように表される．

$$\left.\begin{aligned}\dot{E}_s &= \dot{E}_r\left(1+\frac{\dot{Z}\dot{Y}}{2}\right)+\dot{Z}\dot{I}_r\\ \dot{I}_s &= \dot{E}_r\dot{Y}\left(1+\frac{\dot{Z}\dot{Y}}{4}\right)+\left(1+\frac{\dot{Z}\dot{Y}}{2}\right)\dot{I}_r\end{aligned}\right\} \tag{6.27}$$

$$\therefore \begin{bmatrix}\dot{E}_s\\ \dot{I}_s\end{bmatrix} = \begin{bmatrix}1+\dfrac{\dot{Z}\dot{Y}}{2} & \dot{Z}\\ \dot{Y}\left(1+\dfrac{\dot{Z}\dot{Y}}{4}\right) & 1+\dfrac{\dot{Z}\dot{Y}}{2}\end{bmatrix}\begin{bmatrix}\dot{E}_r\\ \dot{I}_r\end{bmatrix} \tag{6.28}$$

式 (6.28)，(6.17) の行列を比較すると，四端子定数は

$$\dot{A}=\dot{D}=1+\frac{\dot{Z}\dot{Y}}{2},\qquad \dot{B}=\dot{Z},\qquad \dot{C}=\dot{Y}\left(1+\frac{\dot{Z}\dot{Y}}{4}\right)$$

となり，確かに $\dot{A}\dot{D}-\dot{B}\dot{C}=1$ となる．

例題 6.1　1 km あたりの線路定数として，抵抗 $R = 0.1$ [Ω]，インダクタンス $L = 1.3$ [mH]，静電容量 $C = 0.0095$ [μF]，長さ 70 km，周波数 50 Hz の三相 1 回線送電線路がある．受電端の電圧 60 kV，負荷 20000 kW，遅れ力率 0.8 のとき，送電端の電圧および電流を求めよ．

解答　図 6.6 の π 回路の略算法を用いることにしよう．まず，全線路のインピーダンス $\dot{Z}$ およびアドミタンス $\dot{Y}$ を求める．

$$\dot{Z} = (0.1 + j2\pi\times 50\times 1.3\times 10^{-3})70 = 7 + j28.6\ [\Omega]$$

$$\dot{Y} = j2\pi\times 50\times 0.0095\times 10^{-6}\times 70 = j0.209\times 10^{-3}\ [\mathrm{S}]$$

つぎに，式 (6.27) の (　) 内の値を計算する．

$$1+\frac{\dot{Z}\dot{Y}}{2} = 1+\frac{(7+j28.6)j0.209\times 10^{-3}}{2} = 0.997 + j0.00073$$

$$\dot{Y}\left(1+\frac{\dot{Z}\dot{Y}}{4}\right) = j0.209\times 10^{-3}\left\{1+\frac{(7+j28.6)j0.209\times 10^{-3}}{4}\right\}$$

$$\fallingdotseq j0.209\times 10^{-3}\ [\mathrm{S}]$$

受電端の相電圧 $\dot{E}_r$ を基準ベクトルにとると，

$$\dot{E}_r = \frac{60}{\sqrt{3}} = 34.64 \text{ [kV]}$$

となる．負荷電流 $\dot{I}_r$ は

$$\dot{I}_r = \frac{20000}{\sqrt{3} \times 60 \times 0.8} = 240.6 \text{ [A]}$$

であり，力率を $\cos\phi$ とおけば，

$$\begin{aligned}\dot{I}_r &= I_r(\cos\phi - j\sin\phi) \\ &= 240.6(\cos\phi - j\sin\phi) = 240.6(0.8 - j0.6) = 193 - j144\end{aligned}$$

となる．これらを式 (6.27) に代入すると，つぎがわかる．

$$\begin{aligned}\dot{E}_s &= (0.997 + j0.00073)34.8 + (7 + j28.6)(0.192 - j0.144) \\ &= 40 + j4.52 \text{ [kV]}\end{aligned}$$

よって，送電端の電圧 $\dot{V}_s$ は，つぎのようになる．

$$\dot{V}_s = \sqrt{3}\dot{E}_s = \sqrt{3}(40 + j4.52) = 69.3 + j7.83 \text{ [kV]}$$

送電端の電流 $\dot{I}_s$ も，式 (6.27) に代入して，つぎのようになる．

$$\begin{aligned}\dot{I}_s &\fallingdotseq j0.209 \times 34.8 + (0.997 + j0.00073)(193 - j144) \\ &= j7.273 + 192.4 + 0.105 + j0.14 - j140.69 \\ &= 192 - j134 \text{ [A]}\end{aligned}$$

（4）　フェランチ効果

送電線路が竣工すると官庁試験が行われる．その一つの**無負荷充電試験**では，受電端を無負荷にして，送電端の電圧を次第に上昇させる．すると，受電端の電圧が送電端の電圧より上昇する現象が起きる．これを**フェランチ効果**という．

したがって，無負荷の送電線路を充電するときは，送電端の電圧を低い値から次第に上昇させ，受電端の電圧が定格電圧を超えないようにしなければならない．フェランチ効果を図 6.7 の π 回路で考えてみよう．

受電端のスイッチ S を開くと無負荷となるので，線路インピーダンス $\dot{Z} = R + jX$ と，受電端側のアドミタンス $\dfrac{\dot{Y}}{2}$ を流れる電流を $\dot{I}_c$ とすれば，受電端の相電圧 $\dot{E}_r$ を基準とした π 回路の電圧，電流のベクトル図は図 6.8 で表される．

この図より，受電端の電圧 E_s と送電端の電圧 E_r について，つぎが成り立つ．

$$E_s < E_r \tag{6.29}$$

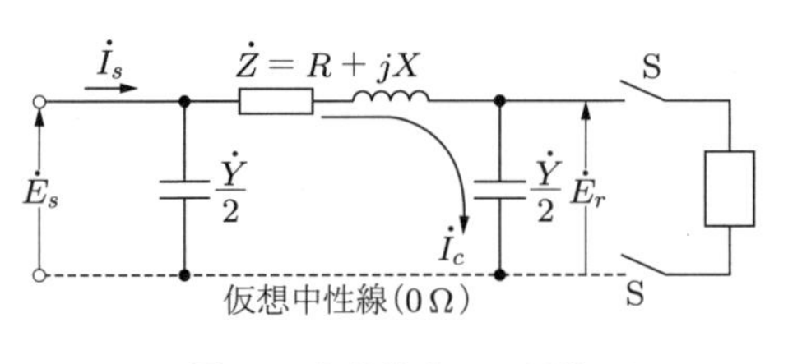

図 6.7　無負荷時の π 回路

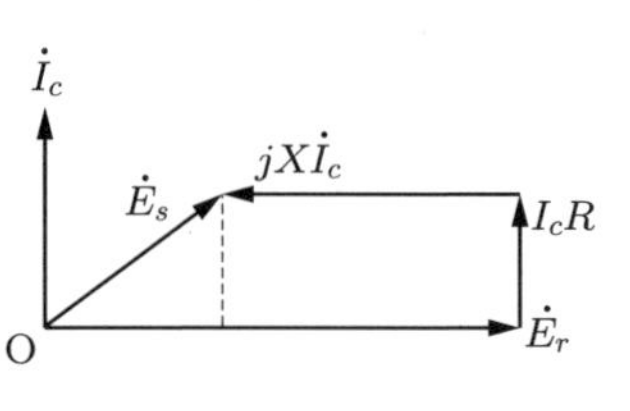

図 6.8　フェランチ効果

(5)　発電機の自己励磁作用

長距離送電線路では，受電端にまったく負荷がないときも，線路の作用容量による充電電流を送電端より供給されなければならない．この充電電流は発電機電圧より約 90° 位相が進んでいるので，交流発電機の電機子反作用によって磁極を増磁し，発電機の端子電圧を上昇させる．

発電機に負荷をかけるには，図 6.9 における S_1〜S_4 のスイッチ（たとえば，遮断器）を順次入れていく．S_1 のスイッチを入れることで，変圧器の高圧側に電圧が生じる．しかし，変圧器には鉄心飽和の現象が生じるため，励磁電流と電圧は比例しない．

図 6.10 において，A は線路の充電電流特性，B は電機子進み電流による発電機の飽和曲線を示す．したがって，端子電圧は，その交点 M に相当する電圧まで無励磁のままで上昇する．これは，発電機の巻線比が小さいときにとくに起こりやすい．この現象を発電機の**自己励磁作用**といい，送電線の試充電の場合には，この自己励磁を起こさないように十分に検討する必要がある．

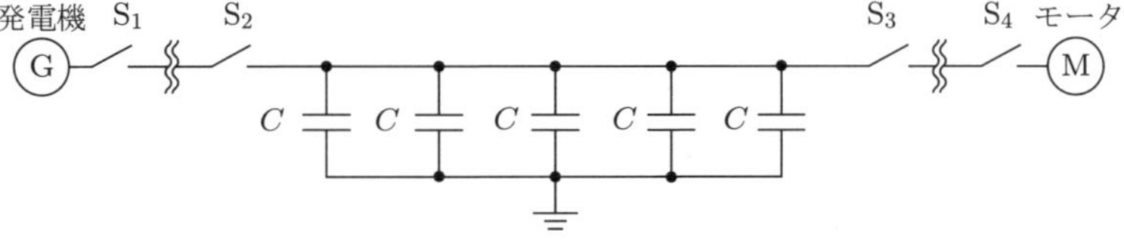
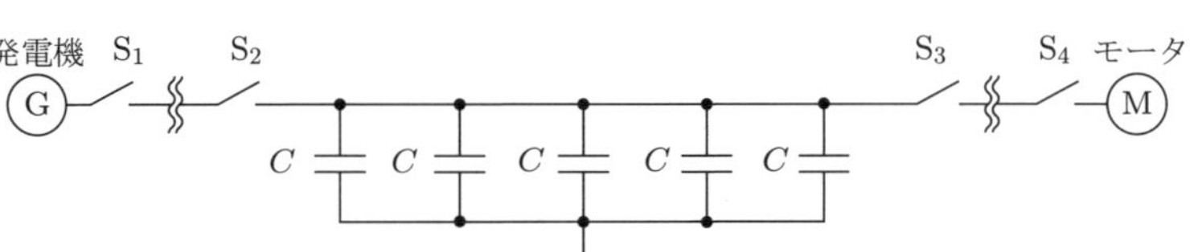

図 6.9　線路の充電

図 6.10　発電機充電電流特性

演習問題

6.1　T 回路は 100 km 前後の送電線路の簡易等価回路である．分布定数回路の電流の式 (6.11) をテイラー展開し，式 (6.20) を代入し略算することで，T 回路を設計せよ．

6.2　送電線路の自己励磁作用について説明せよ．

6.3　フェランチ効果について述べよ．

6.4　四端子回路定数が抵抗分を無視して，つぎのように表せる 275 kV の三相送電線がある．

$$\dot{A} = 0.800, \qquad \dot{B} = j240, \qquad \dot{C} = j0.0015, \qquad \dot{D} = 0.800$$

(1)　無負荷時，送電端に 275 kV の電圧を加えた場合の受電端電圧と送電端電流を求めよ．

(2)　無負荷時，送電端に 275 kV の電圧を加えた場合，受電端電圧も 275 kV とするために必要な受電端調相機容量はいくらか．

6.5　自己励磁を起こさないための防止策について説明せよ．

7 電力円線図

送配電路上での定電圧送電のための調相機容量の計算や最大送電電力の計算などは，電力円線図を用いれば容易に求めることができる．この章では，この方法による送配電路上の調相機容量および最大有効電力の求め方について述べる．

7.1 送受電端電力と電力円線図

送受電端の電圧の位相角を大きくすれば，送電端電力は徐々に増加する．この両端の相差角と送電電力を表すのが，**電力円線図**である．

第 6 章で述べた，アドミタンス $\dot{Y}$ を無視した図 7.1 の三相送電線路の 1 線のインピーダンス $\dot{Z}$ のときの電力円線図を求め，一定電圧送電方式において，軽負荷時または重負荷時における**調相機容量**について考えてみよう．

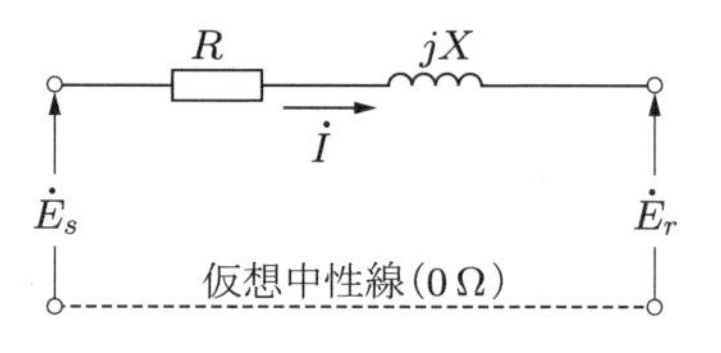

図 7.1　一相の三相送電線路

図 7.1 のように，直列インピーダンス $\dot{Z} = R + jX$ のみの電線路を考えてみよう．

送電端および受電端の相電圧をそれぞれ $\dot{E}_s$，$\dot{E}_r$ として，$\dot{E}_s$ が θ だけ位相が進んでいるとする．このとき，$\dot{E}_r$ では $\theta = 0°$ として，次式が成り立つ．

$$\dot{E}_s = E_s e^{j\theta}$$

送電端電流 $\dot{I}_s$，受電端電流 $\dot{I}_r$ を求める．この場合は $\dot{I}_r = \dot{I}_s$ となり，$\dot{I} = \dot{I}_s = \dot{I}_r$ なので，線路電流 $\dot{I}$ は

$$\dot{I} = \frac{\dot{E}_s - \dot{E}_r}{\dot{Z}} \tag{7.1}$$

となる．

また，送電端電力 $P_s + jQ_s$ および受電端電力 $P_r + jQ_r$ を求める．送電端および受電端の線間電圧をそれぞれ V_s，V_r，受電端の三相有効電力および無効電力をそれぞれ P_r，Q_r とおけば，つぎのように計算できる．

$$P_s + jQ_s = 3\overline{\dot{E}_s}\dot{I} \qquad (\text{この場合，} \overline{\dot{E}_s} = E_s e^{-j\theta})$$

$$= 3E_s e^{-j\theta}\frac{E_s e^{j\theta} - E_r}{Ze^{j\alpha}} \qquad (\dot{Z} = Ze^{j\alpha}\text{ より})$$

$$= \frac{{V_s}^2}{Z}\cos\alpha - \frac{V_s V_r}{Z}\cos(\theta + \alpha)$$

$$+ j\left\{-\frac{{V_s}^2}{Z}\sin\alpha + \frac{V_s V_r}{Z}\sin(\theta + \alpha)\right\}$$

$$P_s = \frac{{V_s}^2}{Z}\cos\alpha - \frac{V_s V_r}{Z}\cos(\theta + \alpha)$$

$$Q_s = -\frac{{V_s}^2}{Z}\sin\alpha + \frac{V_s V_r}{Z}\sin(\theta + \alpha)$$

$$P_r + jQ_r = 3\overline{\dot{E}_r}\dot{I} = 3E_r\frac{E_s e^{j\theta} - E_r}{Ze^{j\alpha}}$$

$$= \frac{V_r V_s}{Z}\cos(\theta - \alpha) - \frac{{V_r}^2}{Z}\cos\alpha$$

$$+ j\left\{\frac{V_r V_s}{Z}\sin(\theta - \alpha) + \frac{{V_r}^2}{Z}\sin\alpha\right\}$$

$$P_r = \frac{V_r V_s}{Z}\cos(\theta - \alpha) - \frac{{V_r}^2}{Z}\cos\alpha \tag{7.2}$$

$$Q_r = \frac{V_r V_s}{Z}\sin(\theta - \alpha) + \frac{{V_r}^2}{Z}\sin\alpha \tag{7.3}$$

ここで，V_s と V_r を一定にして，受電端に平衡三相負荷を接続する．負荷に供給できる最大有効電力を求める．式 (7.2) より，最大有効電力 $P_{r\,\max}$ とすると，$\cos(\theta - \alpha)$ が 1 となる．

$$P_{r\,\max} = \frac{V_r V_s}{Z} - \frac{{V_r}^2}{Z}\cos\alpha$$

ここで，$Z = \sqrt{R^2 + X^2}$，$\cos\alpha = \dfrac{R}{Z}$ より，

$$P_{r\,\max} = \frac{V_r V_s}{\sqrt{R^2 + X^2}} - \frac{R{V_r}^2}{R^2 + X^2}$$

となる．

式 (7.2) と式 (7.3) より，受電端の電力円線図を求める．

$$P_r + \frac{{V_r}^2}{Z}\cos\alpha = \frac{V_r V_s}{Z}\cos(\theta - \alpha) \tag{7.4}$$

$$Q_r - \frac{{V_r}^2}{Z}\sin\alpha = \frac{V_r V_s}{Z}\sin(\theta - \alpha) \tag{7.5}$$

式 (7.4), (7.5) の両辺をそれぞれ 2 乗して加えると，円の方程式が得られる.

$$\left(P_r + \frac{{V_r}^2}{Z}\cos\alpha\right)^2 + \left(Q_r - \frac{{V_r}^2}{Z}\sin\alpha\right)^2 = \left(\frac{V_r V_s}{Z}\right)^2$$

ここで，$\cos\alpha = \dfrac{R}{Z}$，$\sin\alpha = \dfrac{X}{Z}$ から，次式が得られる.

$$\left(P_r + \frac{R{V_r}^2}{Z^2}\right)^2 + \left(Q_r - \frac{X{V_r}^2}{Z^2}\right)^2 = \left(\frac{V_r V_s}{Z}\right)^2 \tag{7.6}$$

式 (7.6) から P_r を横軸，$+jQ_r$ を縦軸にとると，中心座標 U が $\left(-\dfrac{R{V_r}^2}{Z^2}, \dfrac{X{V_r}^2}{Z^2}\right)$ で半径 $\rho = \dfrac{V_r V_s}{Z}$ の図 7.2 の円となる.

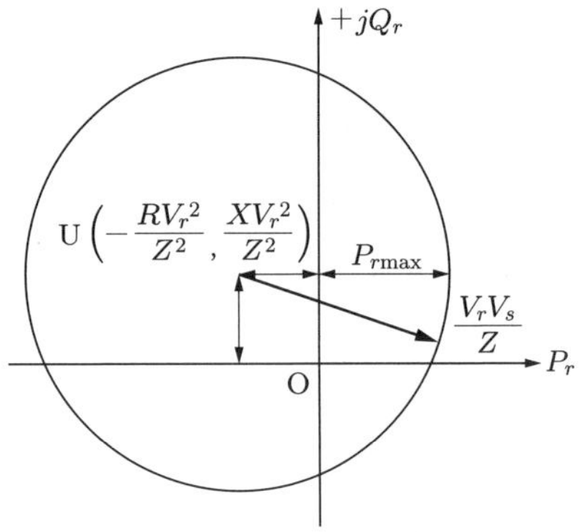

図 7.2　電力円線図

つぎに，V_s と V_r の大きさを一定にして，受電端に平衡三相負荷を接続したとする. 負荷の電力の零から極限受電電力まで変化するとき，受電端に必要な調相機容量を求める. 図 7.3 の電力円線図より，定力率負荷の皮相電力の軌跡は OP となるため，電力が零のときの調相機容量 Q_L（遅れ）または極限受電電力 $P_{r\max}$ のときの調相機容量 Q_C（進み）が必要となる.

$$Q_L = \sqrt{\left(\frac{V_r V_s}{Z}\right)^2 - \left(\frac{R{V_r}^2}{Z^2}\right)^2} - \frac{X{V_r}^2}{Z^2}$$

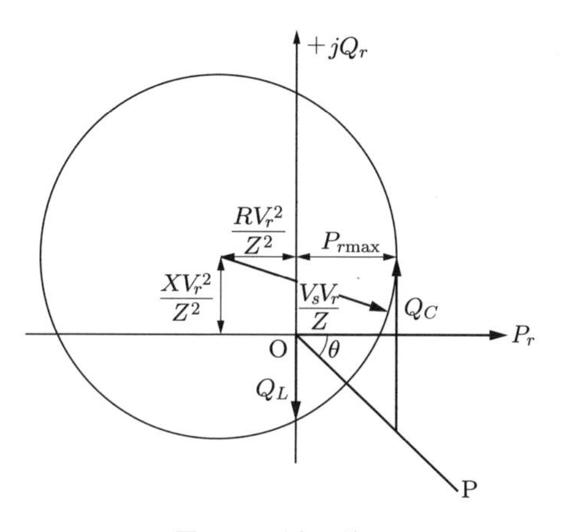

図 7.3 電力円線図

$$Q_C = \frac{XV_r{}^2}{Z^2} + P_{r\max}\tan\theta = \frac{XV_r{}^2}{Z^2} + \left(\frac{V_rV_s}{Z} - \frac{RV_r{}^2}{Z^2}\right)\tan\theta$$

このため，受電端に必要な調相機容量は $-Q_L$〜Q_C（進みを正）である．

7.2 電力円線図と調相機容量

送電線の四端子定数が，抵抗分を無視して $\dot{A} = \dot{D} = 0.8$，$\dot{B} = j240$ [Ω]，$\dot{C} = j0.0015$ [S] で表される 275 kV の送電線があるとする．いま，三相 3 線式送電線路の送電端電圧を 280 kV とし，受電端に 250 MW，力率 0.8（遅れ）の負荷で受電端電圧を 275 kV に保ちたいとすると，そのためには，調相機容量を求める必要がある．

送電線の送電端および受電端の相電圧と電流をそれぞれ $\dot{E}_s$，$\dot{I}_s$，$\dot{E}_r$，$\dot{I}_r$ とすると，四端子定数 $\dot{A}$，$\dot{B}$，$\dot{C}$，$\dot{D}$ との間には，図 6.3 を再掲した図 7.4 より，つぎの関係が成り立つ．

$$\left.\begin{aligned} \dot{E}_s &= \dot{A}\dot{E}_r + \dot{B}\dot{I}_r \\ \dot{I}_s &= \dot{C}\dot{E}_r + \dot{D}\dot{I}_r \end{aligned}\right\} \tag{7.7}$$

図 7.4 四端子回路

$$\therefore \quad \dot{I}_r = \frac{\dot{E}_s - \dot{A}\dot{E}_r}{\dot{B}}$$

受電端の三相ベクトル電力 $\dot{S}_r$ は

$$\dot{S}_r = 3\overline{\dot{E}_r}\dot{I}_r = \frac{3\overline{\dot{E}_r}(\dot{E}_s - \dot{A}\dot{E}_r)}{\dot{B}}$$

である．ここで，$\dot{E}_r = E_r$（基準ベクトル）とし，$\dot{E}_s = E_s e^{j\theta}$，$\dot{A} = A$，$\dot{B} = Be^{j\frac{\pi}{2}}$，$V_s = \sqrt{3}E_s$，$V_r = \sqrt{3}E_r$ とおくと，つぎが成り立つ．

$$\begin{aligned}\dot{S}_r &= \frac{3E_r(E_s e^{j\theta} - AE_r)}{Be^{j\frac{\pi}{2}}} = \frac{V_s V_r e^{j\left(\theta-\frac{\pi}{2}\right)} - AV_r{}^2 e^{-j\frac{\pi}{2}}}{B} \\ &= \frac{V_s V_r}{B}\cos\left(\theta - \frac{\pi}{2}\right) + j\frac{V_s V_r}{B}\sin\left(\theta - \frac{\pi}{2}\right) \\ &\qquad - \frac{AV_r{}^2}{B}\left(\cos\frac{\pi}{2} - j\sin\frac{\pi}{2}\right) \\ &= \frac{V_s V_r}{B}\sin\theta - j\left(\frac{V_s V_r}{B}\cos\theta - \frac{AV_r{}^2}{B}\right)\end{aligned}$$

受電端の三相有効電力 P_r，三相無効電力 Q_r は，つぎのようになる．

$$P_r = \frac{V_s V_r}{B}\sin\theta \tag{7.8}$$

$$Q_r = \frac{AV_r{}^2}{B} - \frac{V_s V_r}{B}\cos\theta \tag{7.9}$$

$$\therefore \quad P_r{}^2 + \left(Q_r - \frac{AV_r{}^2}{B}\right)^2 = \left(\frac{V_s V_r}{B}\right)^2 \tag{7.10}$$

式 (7.10) は図 7.5 のように，横軸に P_r，縦軸に $+jQ_r$（遅れを負）にとると，中心が $\left(0, \dfrac{AV_r{}^2}{B}\right)$ で半径が $\rho = \dfrac{V_s V_r}{B}$ の円線図を表すことを示している．

円の方程式 (7.10) に本節の冒頭で仮定した数値を代入すると

円線図の半径　$\rho = \dfrac{V_s V_r}{B} = \dfrac{280 \times 10^3 \times 275 \times 10^3}{240} = 320.8 \times 10^6$

$$\frac{AV_r{}^2}{B} = \frac{0.8(275 \times 10^3)^2}{240} = 252.1 \times 10^6$$

受電端有効電力　$P_{ra} = 252.1 \times 10^6$ [W] $= 252.1$ [MW]

であるから，式 (7.8) より次式が得られる．

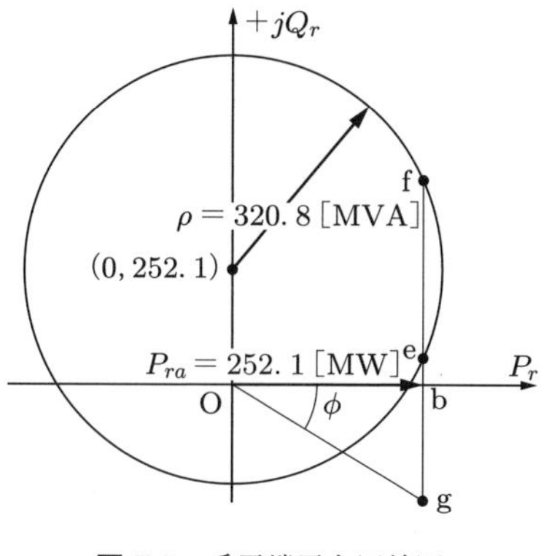

図 7.5　受電端電力円線図

$$\sin\theta = \frac{P_{ra}}{\dfrac{V_s V_r}{B}} = \frac{252.1 \times 10^6}{320.8 \times 10^6} = 0.7793$$

$$\therefore \quad \cos\theta = \pm\sqrt{1 - \sin^2\theta} = \pm\sqrt{1 - (0.7793)^2} = \pm 0.6267$$

また，式 (7.9) より

$$Q_r = \frac{A{V_r}^2}{B} - \frac{V_s V_r}{B}\cos\theta = 252.1 \times 10^6 - 320.8 \times 10^6(\pm 0.6267)$$
$$= 10^6(252.1 \mp 201.0) = 10^6(+51.1)$$

となる．

結局，円線図上で原点 O から横軸上に（Ob の長さ）$= P_{ra} = 252.1$ [MW] をとり，点 b を通って縦軸に平行線を引き，円との交点を e，f とおけば，（be の長さ）$= 51 \times 10^6$，（bf の長さ）$= 453.2 \times 10^6$ となることを示している．受電端の負荷の力率 $\cos\phi$（遅れ）$= 0.8$ であるから，無効電力 Q_L は

$$Q_L = P_{ra}\tan\phi = 252.1 \times \frac{0.6}{0.8} = 189.1 \text{ [MVar]}$$

で表される．

したがって，送電端および受電端の電圧を一定に保つためには，絶えず円線図の円周上で運転する必要がある．点 f を用いると，点 e を用いるよりも大きな進み容量を必要とするので，点 e を用いる．よって，受電端で必要な調相機容量 Q_0 は，つぎのようになる．

$$Q_0 = (\text{gb の長さ}) + (\text{be の長さ}) = Q_L + 51 = 189.1 + 51 = 239.1 \text{ [MVar]}$$

例題 7.1　四端子定数が，抵抗分を無視してつぎのように表される 140 kV の送電線がある．

$$\dot{A} = \dot{D} = 0.96, \qquad \dot{B} = j52\ [\Omega], \qquad \dot{C} = j1.51 \times 10^{-3}\ [\mathrm{S}]$$

送電端電圧を 147 kV とし，受電端に 200 MW，力率 0.8（遅れ）の負荷を接続して，受電端電圧を 140 kV に保つために必要な受電端調相機容量を求めよ．

解答　受電端相電圧 $\dot{E}_r$ を基準ベクトルとし，送電端相電圧 $\dot{E}_s$ の位相が θ だけ進むとする．

$$\dot{E}_r = E_r, \qquad \dot{E}_s = E_s e^{j\theta} \tag{1}$$

また，受電端電流を $\dot{I}_r$ とおくと，

$$\dot{E}_s = \dot{A}\dot{E}_r + \dot{B}\dot{I}_r$$

$$\therefore \quad \dot{I}_r = \frac{\dot{E}_s - \dot{A}\dot{E}_r}{\dot{B}} \tag{2}$$

となる．式 (1) に式 (2) および $\dot{A} = a$，$\dot{B} = jb$ として代入すると，

$$\dot{I}_r = \frac{E_s e^{j\theta} - aE_r}{jb} \tag{3}$$

となり，受電端電力を $P_r + jQ_r$ として

$$\begin{aligned} P_r + jQ_r &= 3\overline{\dot{E}_r}\dot{I}_r \\ &= 3E_r \cdot \frac{E_s e^{j\theta} - aE_r}{jb} \\ &= 3\frac{E_s E_r}{b}\sin\theta + j3E_r\left(\frac{aE_r - E_s\cos\theta}{b}\right) \\ &= \frac{V_s V_r}{b}\sin\theta + j\left(\frac{aV_r^2}{b} - \frac{V_s V_r}{b}\cos\theta\right) \end{aligned}$$

となる．ここで，V_s，V_r は相受電端の線間電圧である．

このため，有効電力 P_r，無効電力 Q_r は，

$$P_r = \frac{V_s V_r}{b}\sin\theta$$

$$Q_r = \frac{a{V_r}^2}{b} - \frac{V_s V_r}{b}\cos\theta$$

となる．ここで，$P_r = 200$ [MW]，$V_s = 147$ [kV]，$V_r = 140$ [kV] だから，

$$\sin\theta = \frac{bP_r}{V_s V_r} = 0.5053$$

$$\cos\theta = \sqrt{1 - \sin^2\theta} = 0.863$$

$$Q_r = \frac{0.96 \times 140^2}{52} - \frac{147 \times 140}{52} \times 0.863 = 20.3\ [\mathrm{MVar}]$$

がわかる.

一方で，負荷の遅れ分の無効電力を Q_L とすれば，

$$Q_L = 200 \times \frac{\sqrt{1-0.8^2}}{0.8} = 150\ [\mathrm{MVar}]$$

となる．ここで，Q_L と受電端の調相機の合計が Q_r になればよいから，必要な容量を Q_C [MVar] とすれば，

$$Q_C + (-150) = 20.3 \qquad (Q_L \text{ は遅れのため負})$$

$$\therefore \quad Q_C = 170\ [\mathrm{MVar}]$$

となる．この場合は，受電端調相機の容量は進み分で 170 [MVar] である.

7.3 調相設備

上述したように，定電圧送電方式においては，どのような負荷の変動に対しても，無効電力を調整して，電圧の維持・調節および送配電線・変圧器の力率改善による電力損失の軽減を目的とした，電力円線図上での運転が必要である．無効電力を供給する設備として，**同期調相機**，**電力用コンデンサ**および**分路リアクトル**が用いられる.

（1） 同期調相機

これは，同期電動機を無負荷で運転して，直流の界磁電流を加減することで，電機子に流れ込む電流の大きさと位相を変化させて無効電力を制御し，負荷の状態により，電力円線図上で動作させるものである．図 7.6(a) の同期電動機の界磁電流を加減すると，図 (b) のように，電機子電流は最初遅れ電流が流れ，次第に減少し最低（力率 100％）となり，さらに界磁電流を増加させると進み電流が流れ，その値が増加する．この特性は V の字に似た形をしているので，同期電動機の **V 曲線**という.

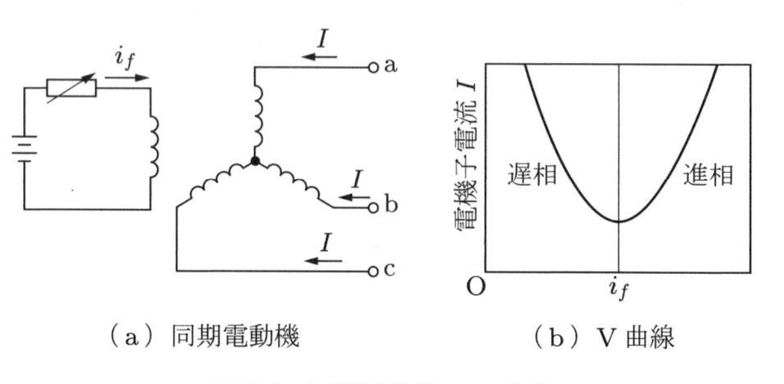

（a）同期電動機　（b）V 曲線

図 7.6 同期電動機の V 曲線

(2) 電力用コンデンサ

調相設備で，定電圧で電力を送電するための電力用コンデンサは，進み無効電力のみしか調整できない．しかし，静止機器であり騒音もなく，かつ損失も少ないため，多くの変電所で使用されている．問題点としては，変圧器の鉄心の電圧電流の非線形に基づく高調波発生電圧のうち，第 3 高調波は変圧器の Δ 結線により短絡除去され，線間に出てこないことがあげられる．

したがって，第 5 高調波電圧を考慮すればよいが，コンデンサにより線路の第 5 調波電圧は拡大され，線路の電圧波形は大いに歪んでくる．しかし，図 7.7 のように直列リアクトルを接続することにより，この問題は解決できる．

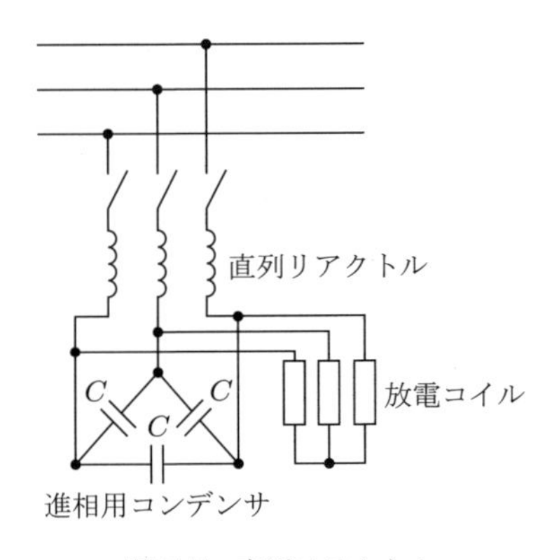

図 7.7 直列リアクトル

直列リアクトルのインダクタンスを L とおけば，つぎのようになる．

$$2\pi(5f)L = \frac{1}{2\pi(5f)C}$$

$$2\pi fL = \frac{1}{2\pi fC} \times \frac{1}{5^2} = \frac{1}{2\pi fC} \times 4\ [\%] \qquad (7.11)$$

実際には，コンデンサの基本波のオーム数の 5% 程度が実用されている．

(3) 分路リアクトル

分路リアクトルは，電力用コンデンサとは逆に，遅れ無効電力を吸収するためのものであり，電力用コンデンサと併用して調相機の代わりに用いられる．超高圧送電線やケーブル送電系統で，対地充電容量の補償用およびフェランチ効果の抑制用として，通常，線路に直接もしくは変圧器の三次側に接続されて使用される．分路リアクトルは三相リアクトルであり，各相に 1 巻線をもち，空隙付鉄心もしくは空心にコイル巻きされる．

演習問題

7.1　送受電端の電圧をそれぞれ V_s，V_r とし，線路インピーダンス $\dot{Z} = R + jX$ を考慮したときの，つぎの問いに答えよ．ただし，R は線路抵抗，X は線路誘導リアクタンスとする．

(1)　受電端の電力円線図の中心と半径を求め，最大電力の値を求めよ．

(2)　受電端の最大電力の条件と，その値を求めよ．

7.2　電力用コンデンサを設置するときに注意しなければならない事項をあげ，それについて説明せよ．

7.3　同期調相機と電力用コンデンサの優劣を比較せよ．

7.4　四端子定数が，抵抗分を無視してつぎのように表される 140 kV の送電線がある．

$$\dot{A} = \dot{D} = 0.96, \qquad \dot{B} = j52\ [\Omega], \qquad \dot{C} = j1.51 \times 10^{-3}\ [\Omega]$$

送配電電圧を 147 kV とし，受電端に 300 MW，力率 0.9（遅れ）の負荷を接続して，送電端電圧を 140 kV に保つために必要な受電端調相機容量を求めよ．

8 故障計算法

送配電線路においては，地絡や短絡，断線などがあり送電系統で故障が生じると，送電不能になることはもちろん，通信線に誘導障害を与えたり，種々の障害が生じたりする．このため，故障時の状況に対処できるように電気諸量の故障計算をする必要がある．

故障計算法としては，電気回路で用いるオームの法則により，インピーダンス [Ω] を用いるオーム法のほか，%インピーダンス法および単位法が一般的である．また，1 線地絡故障のような不平衡故障では対称座標法が用いられる．この章では，%インピーダンス法，単位法および対称座標法について述べる．

8.1 %インピーダンス法と単位法

（1） %インピーダンス法

2.2 節の変圧器の等価回路の説明で述べた，図 2.3 の一次側からみた簡易等価回路において，励磁電流 I_0 は定格一次電流 I_1 に比べて小さいので $(I_1 \gg I_0)$，これを無視すると図 8.1 のように表すことができる．ここで，**%（パーセント）インピーダンス** $\%Z_1$ は

$$\%Z_1 = \frac{I_1 Z_1}{E_1} \times 100\ [\%] \tag{8.1}$$

で定義される．すなわち，一次側に定格電流 I_1 が流れたときに生じる電圧降下 $Z_1 I_1$ が，一次定格電圧 E_1 に対し何% であるか，その割合でもってインピーダンスの大きさを表す方法が，%インピーダンス法である．

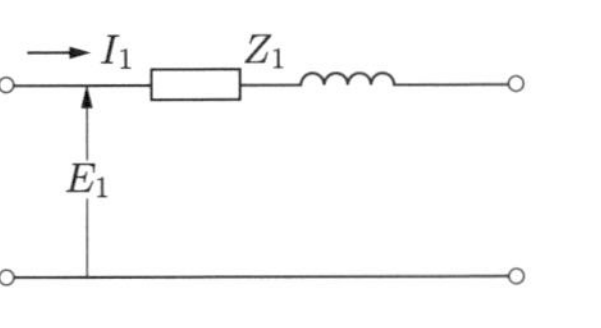

図 8.1　変圧器一次側からみた簡易等価回路

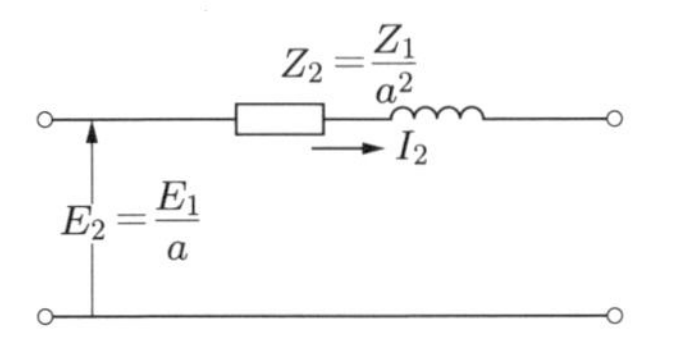

図 8.2　変圧器二次側からみた簡易等価回路

同様にして，第2章の図2.4の二次側からみた簡易等価回路を再掲した図8.2において，二次側からみた%インピーダンス$\%Z_2$は，定格電流I_2が流れたときのインピーダンス降下I_2Z_2が，定格二次電圧の何%であるかを示したもので，$\%Z_2$は

$$\%Z_2 = \frac{I_2Z_2}{E_2} \times 100\ [\%] \tag{8.2}$$

で表される．

それでは，$\%Z_1$と$\%Z_2$はどんな関係にあるかを考えてみよう．まず，

$$E_1I_1 = E_2I_2, \qquad Z_1 = a^2Z_2$$

がいえる．ここで，aは**巻数比**である．よって，次式が成り立つ．

$$\begin{aligned}\%Z_1 &= \frac{I_1Z_1}{E_1} \times 100 = \frac{\dfrac{I_2}{a} \times a^2Z_2}{aE_2} \times 100 \\ &= \frac{I_2Z_2}{E_2} \times 100 = \%Z_2\ [\%]\end{aligned} \tag{8.3}$$

すなわち，%インピーダンスは**どちら側からみても同じ値**である．したがって，変圧器のインピーダンスを$\%Z$で表すと，**オームの法則**で表したように，「一次側からみた値」とか「二次側からみた値」とか，いちいちいう必要がなく，大変便利である．

くどいようであるが，オーム法で計算するには，変圧器があるたびに巻数比の2乗を掛けたり，あるいは巻数比の2乗で割ったりしてどちらかに換算しなければならず，広域の電力系統の計算に対して大変面倒になるので，%インピーダンスを用いるのである．

ここで，変圧器の定格容量をS_0 [kVA]で表し，定格電圧をE_1，E_2 [kV]で表すと，式(8.3)で$\%Z_1 = \%Z_2 = \%Z$のときは，

$$\begin{aligned}\%Z &= \frac{I_1Z_1}{E_1 \times 10^3} \times 10^2 = \frac{E_1I_1Z_1}{{E_1}^2 \times 10} = \frac{S_0 \times Z_1}{{E_1}^2 \times 10} \\ &= \frac{I_2Z_2}{E_2 \times 10^3} \times 10^2 = \frac{E_2I_2Z_2}{{E_2}^2 \times 10} = \frac{S_0 \times Z_2}{{E_2}^2 \times 10}\end{aligned} \tag{8.4}$$

となる．ここで，$S_0 = E_1I_1 = E_2I_2$は変圧器の定格容量である．

したがって，変圧器の$\%Z$が与えられたとき，これをオーム値に換算するには，式(8.4)より

$$\left.\begin{aligned}Z_1 &= \frac{\%Z \times {E_1}^2 \times 10}{S_0}\ [\Omega] \\ Z_2 &= \frac{\%Z \times {E_2}^2 \times 10}{S_0}\ [\Omega]\end{aligned}\right\} \tag{8.5}$$

を用いればよい．

以上は変圧器 1 台の単相回路としての計算式であるが，変圧器 3 台を図 8.3 のように Y 形に接続したときの各相の換算されたインピーダンス Z の $\%Z$ は，V_N [kV] を定格電圧，I_N [A] を定格電流とすれば，

$$\%Z = \frac{I_N \times Z}{\frac{V_N}{\sqrt{3}} \times 10^3} \times 10^2 = \frac{\sqrt{3} V_N I_N Z}{{V_N}^2 \times 10} = \frac{S_3 \times Z}{{V_N}^2 \times 10} \tag{8.6}$$

となる．ここで，$S_3 = \sqrt{3} V_N I_N$ [kVA] は変圧器の三相定格容量である．また，Δ–Δ 結線においても式 (8.6) は成立する．

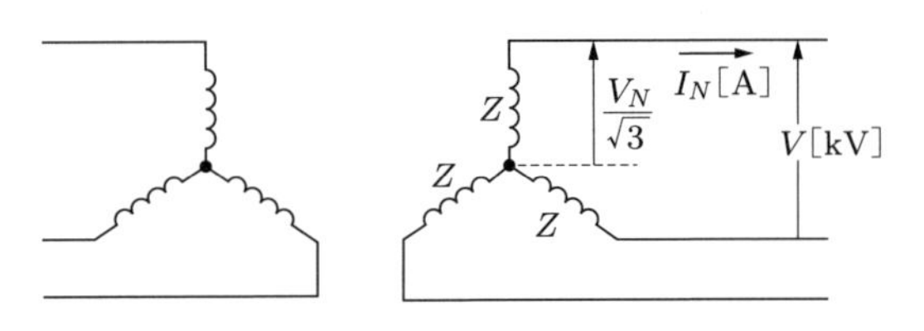

図 8.3　変圧器の二次側からみた簡易等価回路

（2）　単位法

単位法は，電圧，電流，インピーダンスなどを [V]，[A]，[Ω] で表す代わりに，**ある基準量に対する比**として表す方法である．基準の電力，電圧，電流をそれぞれ P_n，E_n，I_n とすれば，単位法では $P_n = 1$ [pu]，$E_n = 1$ [pu]，$I_n = 1$ [pu] とし，任意の電力 P，電圧 E，電流 I はつぎのように表すことができる．

$$P\ [\text{pu}] = \frac{P}{P_n}, \qquad E\ [\text{pu}] = \frac{E}{E_n}, \qquad I\ [\text{pu}] = \frac{I}{I_n} \tag{8.7}$$

インピーダンスについても基準インピーダンスを Z_n とおけば，

$$Z_n = \frac{E_n}{I_n} [\Omega], \qquad Z_n = 1\ [\text{pu}]$$

となるので，任意のインピーダンス Z は

$$Z\ [\text{pu}] = \frac{Z}{Z_n} \tag{8.8}$$

として表される．したがって，%インピーダンスとの関係は，式 (8.3) より

$$\%Z = \frac{I_n Z}{E_n} \times 100 = \frac{Z}{\frac{E_n}{I_n}} \times 100 = \frac{Z}{Z_n} \times 100$$
$$= Z\ [\text{pu}] \times 100\ [\%] \tag{8.9}$$

となるので，単位法で表した値の 100 倍が，%インピーダンスに等しくなることがわかる．

8.2 三相短絡電流と三相短絡容量の計算

図 8.4 のように，ある電力系統に接続された発電所があって，定格容量 $S_1 = 50000$ [kVA]，$S_2 = 20000$ [kVA] の発電機 $(\mathrm{G}_1, \mathrm{G}_2)$ のそれぞれの発生電圧 11 kV を変圧器 $(\mathrm{T}_1, \mathrm{T}_2)$ により $V = 154$ [kV] に昇圧し，並行運転を行っているとする．このとき，送電線の引出口の故障点 p (p′) で三相短絡が生じたときの三相短絡電流および三相短絡容量を計算してみよう．

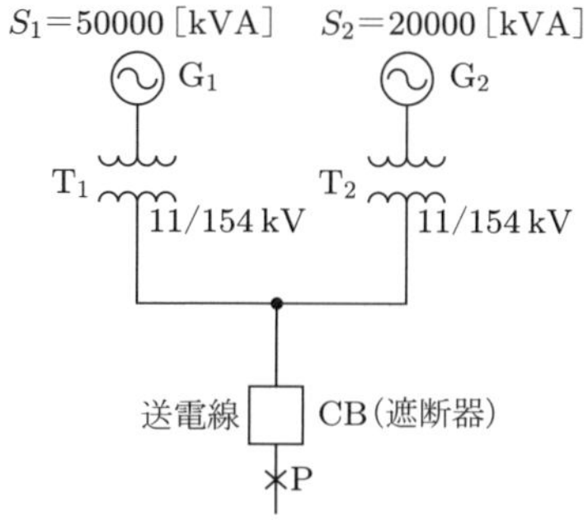

図 8.4　送電系統

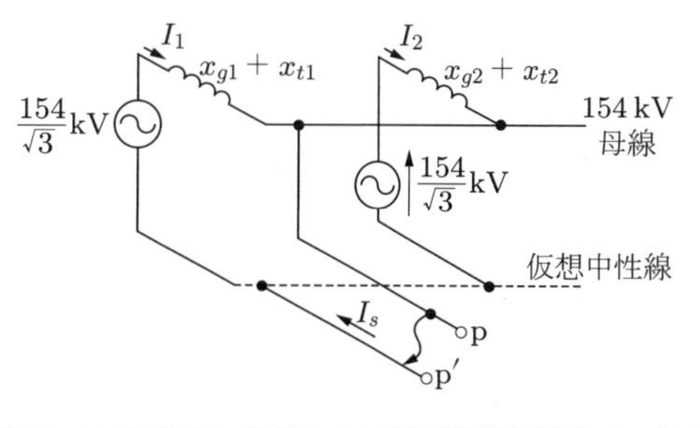

図 8.5　154 kV 側に換算した三相短絡等価回路（一相分）

図 8.4 を 154 kV の送電線路側に換算した一相の等価回路は，図 8.5 のように表すことができる．三相短絡は各相の短絡であるから，故障点 p (p′) での三相短絡電流を I_s，各発電機の電流をそれぞれ I_1，I_2，発電機のリアクタンスを x_g，変圧器のリアクタンスを x_t とすれば，**重ねあわせの原理**を用いて

$$I_s = I_1 + I_2 = \frac{E}{x_1} + \frac{E}{x_2} = E\left(\frac{1}{x_1} + \frac{1}{x_2}\right) 10^3 \text{ [kA]} \tag{8.10}$$

が得られる．ここで，x_1，x_2 [Ω] は，発電機および変圧器リアクタンスを，それぞれ 154 kV 側に換算した合計として，

$$E = \frac{154}{\sqrt{3}} \text{ [kV]}, \qquad x_1 = x_{g1} + x_{t1} \text{ [Ω]}, \qquad x_2 = x_{g2} + x_{t2} \text{ [Ω]}$$

である．これらと式 (8.6) を用いて，定格容量 $S_1 = 50000$ [kVA]，$S_2 = 20000$ [kVA] を基準とした %リアクタンスで表すと，つぎのようになる．

$$\%x_1 = \frac{S_1 x_1}{V^2 \times 10} \qquad \therefore \quad \frac{1}{x_1} = \frac{S_1}{V^2 \times 10}\frac{1}{\%x_1} \tag{8.11}$$

$$\%x_2 = \frac{S_2 x_2}{V^2 \times 10} \qquad \therefore \quad \frac{1}{x_2} = \frac{S_2}{V^2 \times 10}\frac{1}{\%x_2} \tag{8.12}$$

式 (8.11)，(8.12) を式 (8.10) に代入すると，つぎのようになる．

$$I_s = \frac{E \times 10^3}{V^2 \times 10}\left(\frac{S_1}{\%x_1} + \frac{S_2}{\%x_2}\right) = \frac{\dfrac{V}{\sqrt{3}} \times 10^3}{V^2 \times 10}\left(\frac{S_1}{\%x_1} + \frac{S_2}{\%x_2}\right)$$
$$= \frac{10^2}{\sqrt{3}V}\left(\frac{S_1}{\%x_1} + \frac{S_2}{\%x_2}\right) \tag{8.13}$$

いま，a，b は整数とし，$S_1 = \dfrac{S_0}{a}$，$S_2 = \dfrac{S_0}{b}$ となるような S_0 を基準容量に選定し，基準容量に対する基準電流を I_0 とするとすれば，式 (8.13) は

$$I_s = \frac{S_0 \times 10^2}{\sqrt{3}V}\left(\frac{1}{a \times \%x_1} + \frac{1}{b \times \%x_2}\right) = I_0\left(\frac{1}{\%x_1'} + \frac{1}{\%x_2'}\right) \times 100 \tag{8.14}$$

となる．ここで，

$$\left.\begin{aligned} \%x_1' &= a \times \%x_1 = \%x_1 \times \frac{S_0}{S_1} \\ \%x_2' &= b \times \%x_2 = \%x_2 \times \frac{S_0}{S_2} \end{aligned}\right\} \tag{8.15}$$

かつ

$$\frac{1}{\%x_0} = \frac{1}{\%x_1'} + \frac{1}{\%x_2'} \tag{8.16}$$

とおけば，

$$I_s = \frac{I_0}{\%x_0} \times 100 \text{ [A]} \tag{8.17}$$

となる．

結局 $\%x_0$ は，故障点 pp′ から電源側をみた一相の合成リアクタンスである．

以上の関係式に数値を代入する．基準容量 S_0 は任意に選定してよいので，50000 kVA と 20000 kVA の最小公倍数の $S_0 = 100000$ [kVA] とすると，定格容量に対する各機器の %リアクタンスは表 8.1 で与えられているので，式 (8.15) より

$$\%x_1' = \%x_1 \times \frac{S_0}{S_1} = (10 + 5) \times \frac{100000}{50000} = 30 \text{ [\%]}$$
$$\%x_2' = \%x_2 \times \frac{S_0}{S_2} = (6 + 8) \times \frac{100000}{20000} = 70 \text{ [\%]}$$
$$\%x_0 = \frac{\%x_1' \times \%x_2'}{\%x_1' + \%x_2'} = \frac{30 \times 70}{30 + 70} = 21 \text{ [\%]}$$

表 8.1

機器名	%リアクタンス [%]	定格容量
発電機 G_1	10	50000
変圧器 T_1	5	50000
発電機 G_2	6	20000
変圧器 T_2	8	20000

注：%リアクタンスは定格容量に対する値である.

となる. 基準容量に対する基準電流 I_0 [A] は,

$$I_0 = \frac{S_0\ [\text{kVA}]}{\sqrt{3}V\ [\text{kV}]} = \frac{100000\ [\text{kVA}]}{\sqrt{3} \times 154\ [\text{kV}]} = 374.9\ [\text{A}]$$

となり, 故障点の短絡電流 I_s [A] は, 式 (8.17) より

$$I_s = \frac{I_0}{\%x_0} \times 10^2 = \frac{374.9}{21} \times 100 = 1.79 \times 10^3\ [\text{A}]$$

となり, 短絡容量 S_s [kVA] は

$$S_s = \sqrt{3}VI_s = \sqrt{3}V\frac{I_0}{\%x_0} \times 100 = \frac{S_0}{\%x_0} \times 10^2$$
$$= 100000 \times \frac{100}{21} = 476.2 \times 10^3\ [\text{kVA}]$$

となる.

例題 8.1 図 8.6 に示す無負荷送電線の点 P における三相短絡電流を計算せよ. ただし, 発電機 G_1 と G_2 はともに 15000 kVA, 11 kV, リアクタンス 30 %, 変圧器 T は 30000 kVA, 11/77 kV, リアクタンス 8 %, 送電線 T, P 間は 50 km, リアクタンスは 0.5 Ω/km とする.

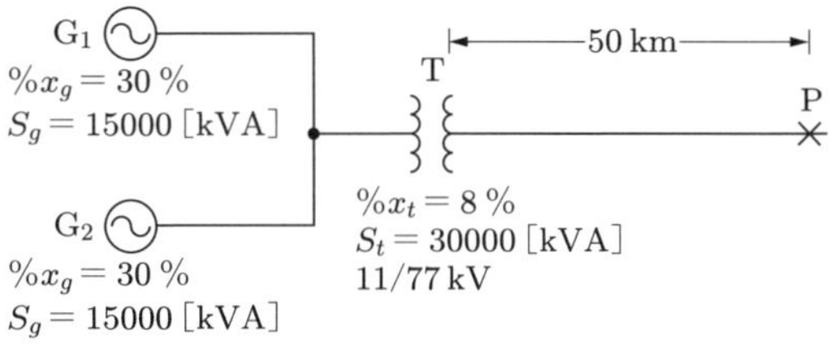

図 8.6

解答 1 [**オーム法**] オーム値に換算して求める. 発電機と変圧器の %リアクタンスを, それぞれ 77 kV 側に換算したオーム値 x_g, x_t で表すと, 式 (8.6) を用いて, つぎのようになる.

$$x_g = \frac{V^2 \times 10 \times \%x_g}{S_g}\frac{1}{2} = \frac{77^2 \times 10 \times 30}{15000 \times 2} = 59.29\ [\Omega]$$

$$x_t = \frac{V^2 \times 10 \times \%x_t}{S_t} = \frac{77^2 \times 10 \times 8}{30000} = 15.81\ [\Omega]$$

線路のリアクタンス　$x_l = 0.5 \times 50 = 25\ [\Omega]$

線路短絡点よりみた一相の全リアクタンスは図 8.7 のようになるので，三相短絡電流 I_s はつぎのようになる．

$$I_s = \frac{\dfrac{V}{\sqrt{3}}}{x_g + x_t + x_l} = \frac{77000}{\sqrt{3}(59.29 + 15.81 + 25)} = 444\ [\text{A}]$$

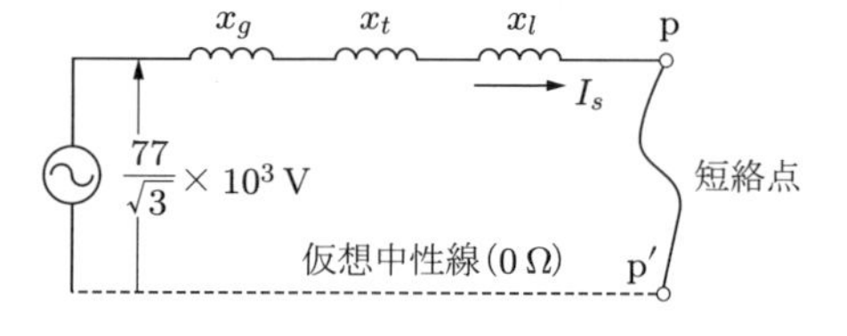

図 8.7　故障点からみた一相のリアクタンス

解答 2　**[%インピーダンス法]**　%リアクタンスを計算して求める．基準容量 S_0 を 30000 kVA とする．線路のリアクタンス x_l を $\%x_l$ に換算すると，式 (8.6) を用いて，つぎのようになる．

$$\%x_l = \frac{S_0 \times x_l}{V^2 \times 10} = \frac{30000 \times 25}{77^2 \times 10} = 12.64\ [\%]$$

発電機の $\%x_g{}'$ は，式 (8.15) を用いて，つぎのようになる．

$$\%x_g{}' = \%x_g \times \frac{S_0}{S_g} = 30 \times \frac{30000}{15000} = 60\ [\%]$$

$$\%x_t{}' = \%x_t \times \frac{S_0}{S_t} = 8 \times \frac{30000}{30000} = 8\ [\%]$$

線路の故障点 p，p′ よりみた一相の合成 %リアクタンス $\%x_0$ は，図 8.8 より

$$\%x_0 = \frac{\%x_g{}'}{2} + \%x_t + \%x_l = \frac{60}{2} + 8 + 12.64 = 50.64\ [\%]$$

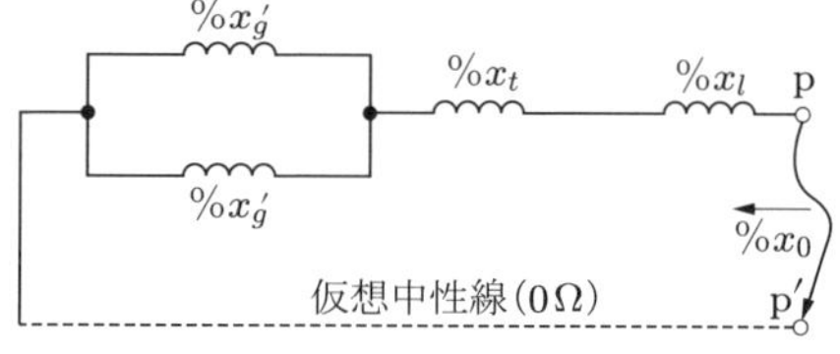

図 8.8　故障点からみた一相の %リアクタンス

となる．

三相短絡電流 I_s は，式 (8.17) を用いて

$$I_s = \frac{I_0}{\%x_0} \times 100 = \frac{224.9}{50.64} \times 100 = 444 \text{ [A]}$$

となる．ただし，I_0 は基準容量 S_0 に対する基準電流であり，つぎのように計算できる．

$$I_0 = \frac{S_0}{\sqrt{3}V} = \frac{30000 \text{ [kVA]}}{\sqrt{3} \times 77 \text{ [kV]}} = 225 \text{ [A]}$$

8.3 対称座標法

三相交流電源および三相交流負荷はともに，各相の振幅が相等しく，位相差が 120° の平衡三相回路であれば，一相あたりの電圧，電流，インピーダンスを考えればよかった．しかし，1 線断線や 2 線短絡事故などが起こると，各相の電圧・電流は，平衡がくずれ（不平衡），任意の振幅と位相差をもった，普通の条件では両立しない不完全な組合せになり，計算が不可能になる．

そこで，不平衡の電圧および電流を，それぞれ平衡な三つの対称な成分に分けて計算できるようにしたのが，**対称座標法**である．

（1） 対称分電圧

いま，非対称な三相交流電圧 $\dot{E}_a$，$\dot{E}_b$，$\dot{E}_c$ から次式のような対称分電圧 $\dot{E}_0$，$\dot{E}_1$，$\dot{E}_2$ を定義する．

$$\left.\begin{aligned} \dot{E}_0 &= \frac{1}{3}(\dot{E}_a + \dot{E}_b + \dot{E}_c) \\ \dot{E}_1 &= \frac{1}{3}(\dot{E}_a + \alpha\dot{E}_b + \alpha^2\dot{E}_c) \\ \dot{E}_2 &= \frac{1}{3}(\dot{E}_a + \alpha^2\dot{E}_b + \alpha\dot{E}_c) \end{aligned}\right\} \tag{8.18}$$

ただし，$\alpha = e^{j120^\circ} = e^{-j240^\circ}$，$\alpha^2 = e^{j240^\circ} = e^{-j120^\circ}$ で，$1 + \alpha^2 + \alpha = 0$ は，第 1 章の式 (1.3) で述べた**ベクトルオペレータ**である．式 (8.18) を $\dot{E}_a$，$\dot{E}_b$，$\dot{E}_c$ について求めると，

$$\left.\begin{aligned} \dot{E}_a &= \dot{E}_0 + \dot{E}_1 + \dot{E}_2 \\ \dot{E}_b &= \dot{E}_0 + \alpha^2\dot{E}_1 + \alpha\dot{E}_2 \\ \dot{E}_c &= \dot{E}_0 + \alpha\dot{E}_1 + \alpha^2\dot{E}_2 \end{aligned}\right\} \tag{8.19}$$

となり，非対称の三相電圧 $\dot{E}_a$，$\dot{E}_b$，$\dot{E}_c$ は 3 種類の対称分電圧 $\dot{E}_0$，$\dot{E}_1$，$\dot{E}_2$ で構成さ

れていることがわかる．

すなわち，右辺の第 1 項目の $\dot{E}_0$ は各相に存在し，振幅が等しく位相差がないので，**零相電圧**という．

第 2 項目の $\dot{E}_1$ は各相に存在し，α，α^2 を考慮すると，a，b，c の反時計方向に回転する平衡三相電圧を表しているので，**正相電圧**とよぶ．また，第 3 項目の $\dot{E}_2$ は各相に存在しているが，α，α^2 を考慮すると，a，b，c の時計方向に回転する平衡三相交流電圧を表しているので，**逆相電圧**とよぶ．これらを図 8.9 に表す．

式 (8.19) より，図 8.9 の (a) 零相電圧，(b) 正相電圧および (c) 逆相電圧には，図 8.10 のような関係がある．

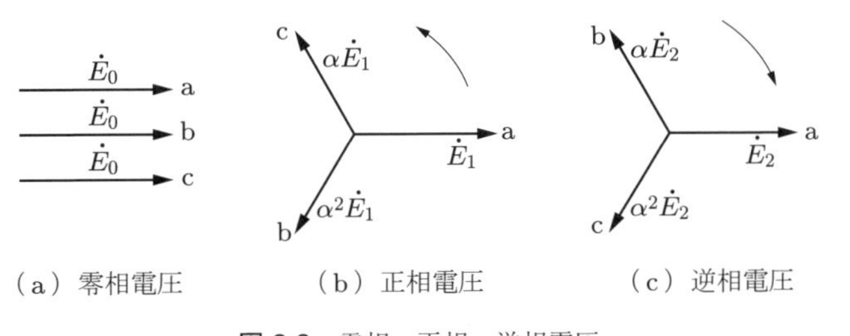

図 8.9　零相，正相，逆相電圧

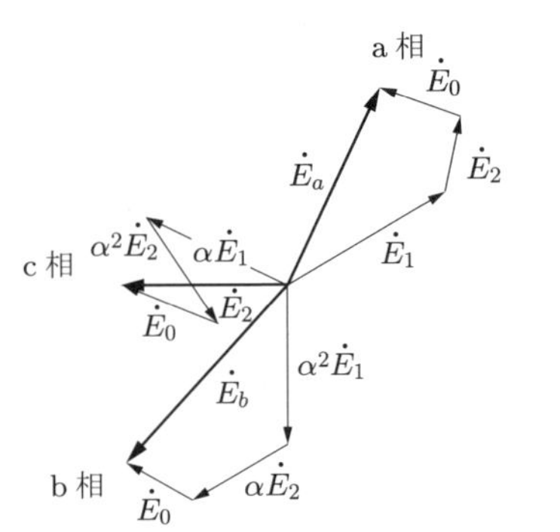

図 8.10　対称分における任意のベクトルの合成

（2）　対称分電流

対称分電圧と同様にして，非対称の三相交流電流 $\dot{I}_a$，$\dot{I}_b$，$\dot{I}_c$ についても，式 (8.18) に準じて，対称分の**零相電流** $\dot{I}_0$，**正相電流** $\dot{I}_1$，**逆相電流** $\dot{I}_2$ を次式で表すことができる．

$$\left.\begin{aligned}\dot{I}_0 &= \frac{1}{3}(\dot{I}_a + \dot{I}_b + \dot{I}_c)\\ \dot{I}_1 &= \frac{1}{3}(\dot{I}_a + \alpha\dot{I}_b + \alpha^2\dot{I}_c)\\ \dot{I}_2 &= \frac{1}{3}(\dot{I}_a + \alpha^2\dot{I}_b + \alpha\dot{I}_c)\end{aligned}\right\} \tag{8.20}$$

上式 (8.20) を $\dot{I}_a$，$\dot{I}_b$，$\dot{I}_c$ について求めると，

$$\left.\begin{aligned}\dot{I}_a &= \dot{I}_0 + \dot{I}_1 + \dot{I}_2\\ \dot{I}_b &= \dot{I}_0 + \alpha^2\dot{I}_1 + \alpha\dot{I}_2\\ \dot{I}_c &= \dot{I}_0 + \alpha\dot{I}_1 + \alpha^2\dot{I}_2\end{aligned}\right\} \tag{8.21}$$

となり，非対称の電圧を平衡な零相，正相，逆相電圧に分解できたのと同様に，非対称の電流 $\dot{I}_a$，$\dot{I}_b$，$\dot{I}_c$ を，各相に存在していて位相差のない零相電流 $\dot{I}_0$，反時計方向に回転する正相電流 $\dot{I}_1$，時計方向に回転している逆相電流 $\dot{I}_2$ に分解することができる．

（3） 対称分インピーダンス

発電機，変圧器，送電線，および負荷などは，一相あたりのインピーダンスをもっている．(1)で述べたように，非対称の三相電圧 $\dot{E}_a$，$\dot{E}_b$，$\dot{E}_c$ は対称な三つの成分，零相電圧 $\dot{E}_0$，正相電圧 $\dot{E}_1$，逆相電圧 $\dot{E}_2$ に分解しうる．同様に，非対称の三相電流 $\dot{I}_a$，$\dot{I}_b$，$\dot{I}_c$ は，対称となる三つの成分，すなわち，零相電流 $\dot{I}_0$，正相電流 $\dot{I}_1$，逆相電流 $\dot{I}_2$ に分解しうることについても，(2)で述べた．

したがって，**零相インピーダンス** $\dot{Z}_0$，**正相インピーダンス** $\dot{Z}_1$，**逆相インピーダンス** $\dot{Z}_2$ も，次式で定義することができる．

$$\left.\begin{aligned}\dot{Z}_0 &= \frac{\dot{E}_0}{\dot{I}_0}\\ \dot{Z}_1 &= \frac{\dot{E}_1}{\dot{I}_1}\\ \dot{Z}_2 &= \frac{\dot{E}_2}{\dot{I}_2}\end{aligned}\right\} \tag{8.22}$$

典型的な例として，インピーダンス $\dot{Z}$ が3個，Y形に接続され，その中性点はインピーダンス $\dot{Z}_n$ で接地されているときの，図8.11の回路の端子a，b，cからみた零相，正相，逆相のそれぞれのインピーダンス $\dot{Z}_0$，$\dot{Z}_1$，$\dot{Z}_2$ を求めてみよう．

まず，零相インピーダンス $\dot{Z}_0$ を求めるには，各相の位相差のない零相電流 $\dot{I}_0$ を流し，端子a，b，cと一括して，これと大地との間に零相電圧 $\dot{E}_0$（単相電圧）を加えればよい．

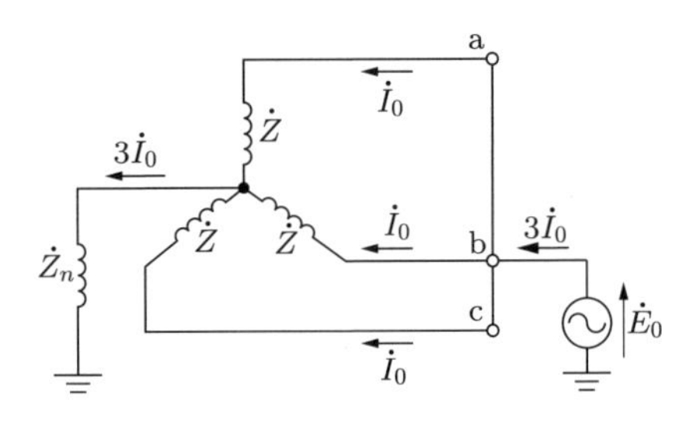

図 8.11　零相インピーダンス

よって，次式が成立する．

$$\dot{E}_0 = \dot{I}_0\dot{Z} + 3\dot{I}_0\dot{Z}_n = \dot{I}_0(\dot{Z} + 3\dot{Z}_n)$$

したがって，零相インピーダンス $\dot{Z}_0$ は，式 (8.22) を用いて次式となる．

$$\dot{Z}_0 = \frac{\dot{E}_0}{\dot{I}_0} = \dot{Z} + 3\dot{Z}_n \tag{8.23}$$

また，端子 a，b，c を一括して，これと大地との間の合成インピーダンスを求め，その値を 3 倍すれば，式 (8.23) と一致する．

つぎに，正相インピーダンス $\dot{Z}_1$ を求めるには，図 8.12 のように端子 a，b，c に平衡三相電圧 $\dot{E}_1$ を印加したものを考える．すると，a，b，c 各相にそれぞれ正相電流 $\dot{I}_1$，$\alpha^2\dot{I}_1$，$\alpha\dot{I}_1$ が流れるが，これは中性点接地インピーダンス $\dot{Z}_n$ には流れない．

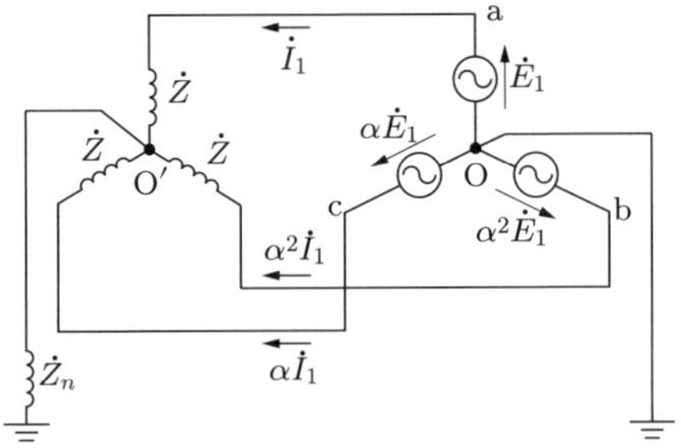

図 8.12　正相インピーダンス

したがって，次式が成立する．

$$\dot{E}_1 = \dot{I}_1\dot{Z}$$

正相インピーダンス $\dot{Z}_1$ は，式 (8.22) を用いて

$$\dot{Z}_1 = \frac{\dot{E}_1}{\dot{I}_1} = \dot{Z} \tag{8.24}$$

となる．

同様にして，端子 a，b，c に平衡三相の逆相電圧 $\dot{E}_2$ を加えると，平衡三相の逆相電流 $\dot{I}_2$ が流れ，中性点接地インピーダンス $\dot{Z}_n$ には流れないので，次式が成立する．

$$\dot{E}_2 = \dot{I}_2 \dot{Z}$$

逆相インピーダンス $\dot{Z}_2$ は，式 (8.22) を用いて

$$\dot{Z}_2 = \frac{\dot{E}_2}{\dot{I}_2} = \dot{Z} \tag{8.25}$$

となる．

以上のことから，静止機器では，正相インピーダンスと逆相インピーダンスは相等しいことがわかる．

（4） 発電機の基本式

図 8.13 は三相交流発電機を示している．各相の無負荷における対称三相誘導起電力を $\dot{E}_a$，$\dot{E}_b$，$\dot{E}_c$ とし，各相に不平衡の電流 $\dot{I}_a$，$\dot{I}_b$，$\dot{I}_c$ が流れたとすれば，各発電機の端子 a，b，c の電圧は $\dot{V}_a$，$\dot{V}_b$，$\dot{V}_c$ の非対称の対地電位となる．

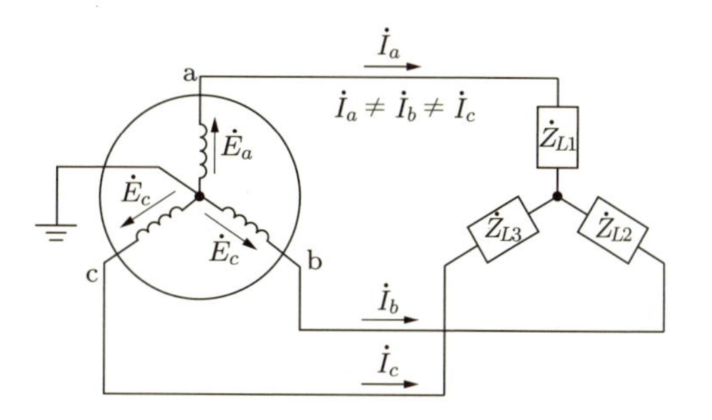

図 8.13 対称 Y 形三相回路

したがって，a 相，b 相，c 相における電圧降下をそれぞれ $\dot{v}_a{}'$，$\dot{v}_b{}'$，$\dot{v}_c{}'$ とおくと，次式が成立する．

$$\left.\begin{aligned} \dot{V}_a &= \dot{E}_a - \dot{v}_a{}' \\ \dot{V}_b &= \dot{E}_b - \dot{v}_b{}' = \alpha^2 \dot{E}_a - \dot{v}_b{}' \\ \dot{V}_c &= \dot{E}_c - \dot{v}_c{}' = \alpha \dot{E}_a - \dot{v}_c{}' \end{aligned}\right\} \tag{8.26}$$

ここで，非対称の端子電位 $\dot{V}_a$，$\dot{V}_b$，$\dot{V}_c$ を，式 (8.18) を用いて対称分の零相電圧 $\dot{V}_0$，正相電圧 $\dot{V}_1$，逆相電圧 $\dot{V}_2$ に分解すると，つぎのようになる．

$$\dot{V}_0 = \frac{1}{3}(\dot{V}_a + \dot{V}_b + \dot{V}_c) = \frac{1}{3}(\dot{E}_a - \dot{v}_a{}' + \dot{E}_b - \dot{v}_b{}' + \dot{E}_c - \dot{v}_c{}')$$

$$= \frac{1}{3}(\dot{E}_a + \dot{E}_b + \dot{E}_c) - \frac{1}{3}(\dot{v}_a{}' + \dot{v}_b{}' + \dot{v}_c{}')$$

$$= -\frac{1}{3}(\dot{v}_a{}' + \dot{v}_b{}' + \dot{v}_c{}')$$

同様にして

$$\dot{V}_1 = \frac{1}{3}(\dot{V}_a + \alpha\dot{V}_b + \alpha^2\dot{V}_c)$$

$$= \frac{1}{3}(\dot{E}_a - \dot{v}_a{}' + \alpha\dot{E}_b - \alpha\dot{v}_b{}' + \alpha^2\dot{E}_c - \alpha^2\dot{v}_c{}')$$

$$= \frac{1}{3}(\dot{E}_a + \alpha\dot{E}_b + \alpha^2\dot{E}_c) - \frac{1}{3}(\dot{v}_a{}' + \alpha\dot{v}_b{}' + \alpha^2\dot{v}_c{}')$$

$$= \frac{1}{3}(3\dot{E}_a) - \frac{1}{3}(\dot{v}_a{}' + \alpha\dot{v}_b{}' + \alpha^2\dot{v}_c{}')$$

$$= \dot{E}_a - \frac{1}{3}(\dot{v}_a{}' + \alpha\dot{v}_b{}' + \alpha^2\dot{v}_c{}') \tag{8.27}$$

$$\dot{V}_2 = -\frac{1}{3}(\dot{v}_a{}' + \alpha^2\dot{v}_b{}' + \alpha\dot{v}_c{}') \tag{8.28}$$

となる．

いま，零相電流 $\dot{I}_0$，正相電流 $\dot{I}_1$，逆相電流 $\dot{I}_2$ が各相を流れたときに動作する，零相，正相，逆相インピーダンスを，それぞれ $\dot{Z}_0$，$\dot{Z}_1$，$\dot{Z}_2$ とおけば，次式のように考えることができる．

$$\left.\begin{aligned} \dot{v}_a{}' &= \dot{I}_0\dot{Z}_0 + \dot{I}_1\dot{Z}_1 + \dot{I}_2\dot{Z}_2 \\ \dot{v}_b{}' &= \dot{I}_0\dot{Z}_0 + \alpha^2\dot{I}_1\dot{Z}_1 + \alpha\dot{I}_2\dot{Z}_2 \\ \dot{v}_c{}' &= \dot{I}_0\dot{Z}_0 + \alpha\dot{I}_1\dot{Z}_1 + \alpha^2\dot{I}_2\dot{Z}_2 \end{aligned}\right\} \tag{8.29}$$

この式 (8.29) より

$$\left.\begin{aligned} \frac{1}{3}(\dot{v}_a{}' + \dot{v}_b{}' + \dot{v}_c{}') &= \dot{I}_0\dot{Z}_0 \\ \frac{1}{3}(\dot{v}_a{}' + \alpha\dot{v}_b{}' + \alpha^2\dot{v}_c{}') &= \dot{I}_1\dot{Z}_1 \\ \frac{1}{3}(\dot{v}_a{}' + \alpha^2\dot{v}_b{}' + \alpha\dot{v}_c{}') &= \dot{I}_2\dot{Z}_2 \end{aligned}\right\} \tag{8.30}$$

となり，これを式 (8.27)，(8.28) に代入すれば，

$$\dot{V}_0 = -\dot{I}_0\dot{Z}_0, \qquad \dot{V}_1 = \dot{E}_a - \dot{I}_1\dot{Z}_1, \qquad \dot{V}_2 = -\dot{I}_2\dot{Z}_2 \tag{8.31}$$

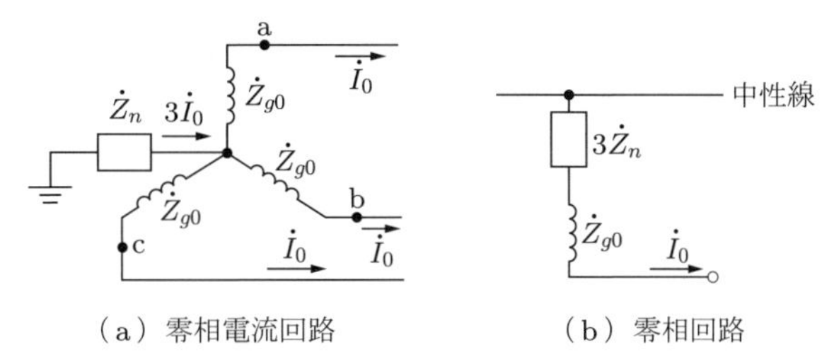

図 8.14　発電機零相電流回路と相回路

となる．この式 (8.31) を**発電機の基本式**とよぶ．

図 8.14 に示すように，発電機の中性点がインピーダンス $\dot{Z}_n$ を通して接地されている場合，

$$\dot{Z}_0 = 3\dot{Z}_n + \dot{Z}_{g0} \tag{8.32}$$

で表すことができる．ここで，$\dot{Z}_{g0}$ は，発電機の一相あたりのインピーダンスである．$\dot{Z}_n$ には，各相の零相電流が流れるため，一相あたりの 3 倍の電流が流れることになる．

図 8.14(a) の零相電流回路の一相あたりに $\dot{I}_0$ の電流が流れる．このとき，電圧降下は $3\dot{Z}_n\dot{I}_0 + \dot{Z}_{g0}\dot{I}_0$ となるため，電圧降下と零相電流の比からインピーダンス $\dot{Z}_0$ の式 (8.32) を導くことができる．図 (b) の零相回路では，$\dot{Z}_n$ が導体接地の場合は 0 となるので $\dot{Z}_0 = \dot{Z}_{g0}$ となる．

8.4 故障計算例

（1） 1 線地絡

図 8.15 の三相交流発電機の端子 a で地絡事故が生じたときの，地絡電流 $\dot{I}_a$ および，健全相の端子 b，c のそれぞれの電位 $\dot{V}_b$，$\dot{V}_c$ を求めてみよう．ここで，b 相と c 相は解放の状態であり，$\dot{I}_0$，$\dot{I}_1$，$\dot{I}_2$ を発電機の零相，正相，逆相電流とする．

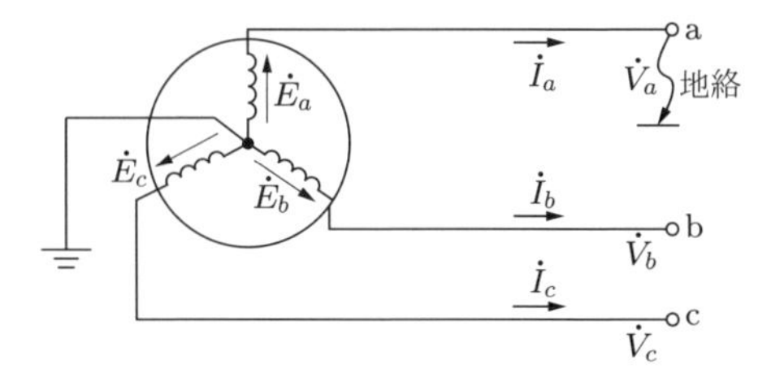

図 8.15　発電機端子の 1 線地絡

端子 b，c には電流 $\dot{I}_b$，$\dot{I}_c$ はともに流れないので，

$$\dot{I}_b = \dot{I}_c = 0 \tag{8.33}$$

となる．端子 a は零オームで地絡したとすれば，

$$\dot{V}_a = 0 \tag{8.34}$$

となる．

図 8.15 からもわかるように，式 (8.33) と式 (8.34) は，一線地絡の条件となる．

式 (8.33) に式 (8.21) を代入すれば，

$$\dot{I}_b = \dot{I}_0 + \alpha^2 \dot{I}_1 + \alpha \dot{I}_2$$

$$\dot{I}_c = \dot{I}_0 + \alpha \dot{I}_1 + \alpha^2 \dot{I}_2$$

$$\dot{I}_b - \dot{I}_c = (\alpha^2 - \alpha)\dot{I}_1 - (\alpha^2 - \alpha)\dot{I}_2 = (\alpha^2 - \alpha)(\dot{I}_1 - \dot{I}_2) = 0$$

$$\dot{I}_1 - \dot{I}_2 = 0, \qquad \therefore \ \dot{I}_1 = \dot{I}_2$$

となる．これを上式に代入すると，次式が得られる．

$$\dot{I}_b = \dot{I}_0 + (\alpha^2 + \alpha)\dot{I}_1 = \dot{I}_0 - \dot{I}_1 = 0$$

$$\therefore \ \dot{I}_0 = \dot{I}_1 = \dot{I}_2 \tag{8.35}$$

式 (8.34) に式 (8.31) を代入すると，

$$\dot{V}_a = \dot{V}_0 + \dot{V}_1 + \dot{V}_2$$

$$= -\dot{I}_0 \dot{Z}_0 + \dot{E}_a - \dot{I}_1 \dot{Z}_1 - \dot{I}_2 \dot{Z}_2 = \dot{E}_a - \dot{I}_0(\dot{Z}_0 + \dot{Z}_1 + \dot{Z}_2) = 0$$

$$\therefore \ \dot{I}_0 = \dot{I}_1 = \dot{I}_2 = \frac{\dot{E}_a}{\dot{Z}_0 + \dot{Z}_1 + \dot{Z}_2} \tag{8.36}$$

となる．ここで，$\dot{E}_a$ は a 相の無負荷誘導起電力である．よって，1 線地絡時の基本的な対称分等価回路は，正相，逆相および零相回路を直列に接続した図 8.16 のような回路になる．また，1 線地絡電流 $\dot{I}_a$ は

$$\dot{I}_a = \dot{I}_0 + \dot{I}_1 + \dot{I}_2 = 3\dot{I}_0 = \frac{3\dot{E}_a}{\dot{Z}_0 + \dot{Z}_1 + \dot{Z}_2} \tag{8.37}$$

となり，健全相の電位 $\dot{V}_b$，$\dot{V}_c$ はそれぞれ

$$\dot{V}_b = \dot{V}_0 + \alpha^2 \dot{V}_1 + \alpha \dot{V}_2$$

$$\dot{V}_c = \dot{V}_0 + \alpha \dot{V}_1 + \alpha^2 \dot{V}_2$$

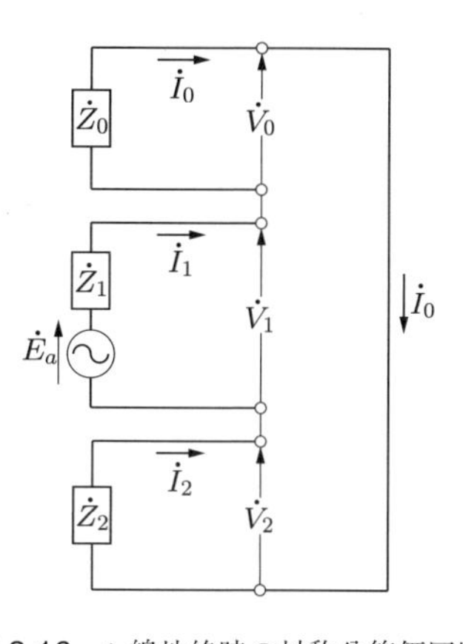

図 8.16　1 線地絡時の対称分等価回路

であるから，式 (8.31) をこれらに代入すると，

$$\dot{V}_b = \frac{(\alpha^2 - 1)\dot{Z}_0 + (\alpha^2 - \alpha)\dot{Z}_2}{\dot{Z}_0 + \dot{Z}_1 + \dot{Z}_2}\dot{E}_a \qquad (8.38)$$

$$\dot{V}_c = \frac{(\alpha - 1)\dot{Z}_0 + (\alpha - \alpha^2)\dot{Z}_2}{\dot{Z}_0 + \dot{Z}_1 + \dot{Z}_2}\dot{E}_a \qquad (8.39)$$

となる．

（2）　実系統に近い計算例

電力系統は複雑であるが，代表的な一例として図 8.17 のような発電機をもつ送電線と，線路を経て負荷に電力を供給する受電端を考え，線路途中の点 F で 1 線地絡事故が生じたときの地絡電流 $\dot{I}_a$ を求めてみよう．

ここで，式 (8.38) と式 (8.39) により，解放の状態である b 相と c 相に現れる電圧が求められる．また，式 (8.37) は，1 線地絡の一般式となる．

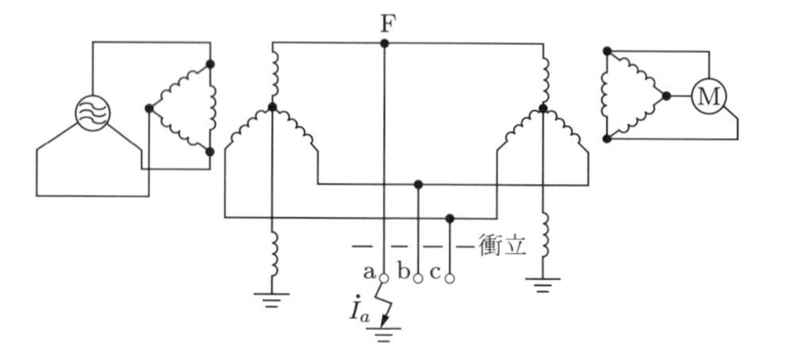

図 8.17　送電線路途中の 1 線地絡

考え方として，まず点Fの線路各線より電線を垂らし，衝立の穴を通して端子a，b，cを引き出し，1線地絡事故であれば端子aを接地したと仮想する．そして，衝立の外側からみれば，図8.17のように1台の三相発電機の端子aで1線が地絡したことと同じと考えることができる．

したがって，地絡電流 $\dot{I}_a$ は式(8.37)で表される．

$$\dot{I}_a = \frac{3\dot{E}_a}{\dot{Z}_0 + \dot{Z}_1 + \dot{Z}_2} \tag{8.37 再}$$

ここで，零相，正相，逆相インピーダンス $\dot{Z}_0$，$\dot{Z}_1$，$\dot{Z}_2$ はそれぞれどのようになるかを考えると，点Fの端子a，b，cから送電端側をみた零相，正相，逆相インピーダンスを $\dot{Z}_0{}'$，$\dot{Z}_1{}'$，$\dot{Z}_2{}'$ とし，同様に，受電端側をみた零相，正相，逆相インピーダンスを $\dot{Z}_0{}''$，$\dot{Z}_1{}''$，$\dot{Z}_2{}''$ とすれば，故障点Fからみた合成の零相，正相，逆相インピーダンスの値，$\dot{Z}_0$，$\dot{Z}_1$，$\dot{Z}_2$ は，これらが並列になるので，次式で表される．

$$\dot{Z}_0 = \frac{\dot{Z}_0{}'\dot{Z}_0{}''}{\dot{Z}_0{}' + \dot{Z}_0{}''}, \qquad \dot{Z}_1 = \frac{\dot{Z}_1{}'\dot{Z}_1{}''}{\dot{Z}_1{}' + \dot{Z}_1{}''}, \qquad \dot{Z}_2 = \frac{\dot{Z}_2{}'\dot{Z}_2{}''}{\dot{Z}_2{}' + \dot{Z}_2{}''} \tag{8.40}$$

（3）　2線短絡故障

図8.18の三相交流発電機のb，c相の端子で，2線短絡が生じた場合の短絡電流および端子の電位を計算してみよう．

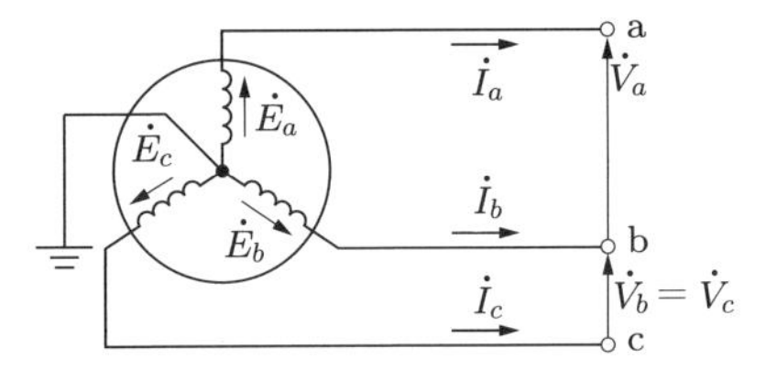

図8.18　2線短絡

健全相の端子電位を $\dot{V}_a$，故障点b，cの電位を $\dot{V}_b$，$\dot{V}_c$ とし，各相の電流 $\dot{I}_a$，$\dot{I}_b$，$\dot{I}_c$ の矢印を正方向とすると，条件としてつぎが成り立つ．

$$\dot{I}_a = 0 \tag{8.41}$$

$$\dot{I}_b + \dot{I}_c = 0 \tag{8.42}$$

$$\dot{V}_b = \dot{V}_c \tag{8.43}$$

式(8.42)に式(8.21)を代入すると，

$$\dot{I}_0 + \alpha^2\dot{I}_1 + \alpha\dot{I}_2 + \dot{I}_0 + \alpha\dot{I}_1 + \alpha^2\dot{I}_2 = 0$$

$$2\dot{I}_0 + (\alpha^2 + \alpha)\dot{I}_1 + (\alpha^2 + \alpha)\dot{I}_2 = 0$$

$$\therefore \quad 2\dot{I}_0 - \dot{I}_1 - \dot{I}_2 = 0 \tag{8.44}$$

となる．$\dot{I}_a = 0$ より次式が成り立つ．

$$\dot{I}_0 + \dot{I}_1 + \dot{I}_2 = 0 \tag{8.45}$$

式 (8.44)，(8.45) より

$$3\dot{I}_0 = 0, \qquad \therefore \quad \dot{I}_0 = 0$$

$$\dot{I}_1 = -\dot{I}_2 \tag{8.46}$$

となる．

また，式 (8.43) に式 (8.19) を代入すると，つぎが成り立つ．

$$\alpha^2\dot{V}_1 + \alpha\dot{V}_2 = \alpha\dot{V}_1 + \alpha^2\dot{V}_2$$

$$(\alpha^2 - \alpha)\dot{V}_1 = (\alpha^2 - \alpha)\dot{V}_2$$

$$\therefore \quad \dot{V}_1 = \dot{V}_2 \tag{8.47}$$

発電機の基本式 (8.31) を式 (8.47) に代入すると，

$$\dot{E}_a - \dot{I}_1\dot{Z}_1 = -\dot{I}_2\dot{Z}_2 = \dot{I}_1\dot{Z}_2$$

$$\therefore \quad \dot{I}_1 = \frac{\dot{E}_a}{\dot{Z}_1 + \dot{Z}_2} = -\dot{I}_2 \tag{8.48}$$

$$\therefore \quad \dot{V}_2 = -\dot{I}_2\dot{Z}_2 = \frac{\dot{Z}_2\dot{E}_a}{\dot{Z}_1 + \dot{Z}_2} = \dot{V}_1 \tag{8.49}$$

となるので，2線短絡時の対称分等価回路は，正相および逆相回路を並列に接続した図 8.19 のような回路となる．また，端子 b，c の短絡電流は，式 (8.42) より

$$\dot{I}_b = -\dot{I}_c = \alpha^2\dot{I}_1 + \alpha\dot{I}_2 = (\alpha^2 - \alpha)\dot{I}_1 = \frac{(\alpha^2 - \alpha)\dot{E}_a}{\dot{Z}_1 + \dot{Z}_2} = \frac{\dot{E}_{bc}}{\dot{Z}_1 + \dot{Z}_2} \tag{8.50}$$

となる．

短絡点の電位 $\dot{V}_b = \dot{V}_c$ は，式 (8.19) に準じてつぎのようになる．

$$\dot{V}_b = \dot{V}_c = \alpha^2\dot{V}_1 + \alpha\dot{V}_2 = (\alpha^2 + \alpha)\dot{V}_1 = \frac{-\dot{Z}_2\dot{E}_a}{\dot{Z}_1 + \dot{Z}_2} \tag{8.51}$$

健全相点 a の電位 $\dot{V}_a$ は

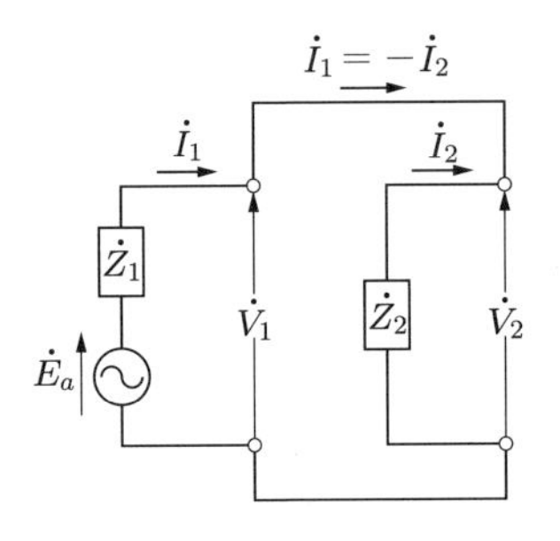

図 8.19　2 線短絡時の対称分等価回路

$$\dot{V}_a = \dot{V}_1 + \dot{V}_2 = 2\dot{V}_1 = \frac{2\dot{Z}_2\dot{E}_a}{\dot{Z}_1 + \dot{Z}_2} \tag{8.52}$$

として計算され，2 線短絡点 b (c) の電位は健全相の電位の半分になり，また，逆位相になることがわかる．

（4）　3 線短絡故障

図 8.20 の三相交流発電機の端子 a，b，c で，3 線短絡が生じたときの短絡電流と短絡点の電位を計算してみよう．

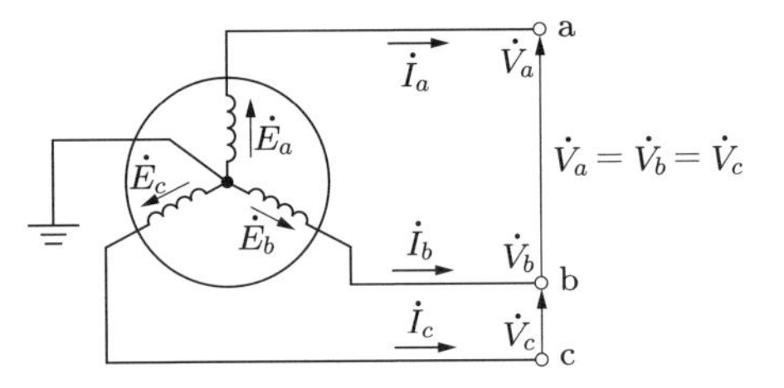

図 8.20　3 線短絡

各相の短絡電流 $\dot{I}_a$，$\dot{I}_b$，$\dot{I}_c$ の正方向を図 8.20 のように定める．3 線短絡であるため，端子電位 $\dot{V}_a$，$\dot{V}_b$，$\dot{V}_c$ は相等しく，次式が成立する．

$$\dot{V}_a = \dot{V}_b = \dot{V}_c, \qquad \dot{I}_a + \dot{I}_b + \dot{I}_c = 0$$

これらを式 (8.18) と式 (8.20) に代入すれば，つぎのようになる．

$$\dot{I}_0 = \frac{1}{3}(\dot{I}_a + \dot{I}_b + \dot{I}_c) = 0 \qquad \therefore \quad \text{零相電圧} \quad \dot{V}_0 = 0$$

正相電圧 $\dot{V}_1$，逆相電圧 $\dot{V}_2$ は，式 (8.18) により

$$\dot{V}_1 = \frac{1}{3}(\dot{V}_a + \alpha\dot{V}_b + \alpha^2\dot{V}_c) = \frac{1}{3}\dot{V}_a(1 + \alpha + \alpha^2) = 0$$

$$\dot{V}_2 = \frac{1}{3}(\dot{V}_a + \alpha^2\dot{V}_b + \alpha\dot{V}_c) = \frac{1}{3}\dot{V}_a(1+\alpha+\alpha^2) = 0$$

となる．

式 (8.31) の発電機の基本式より，次式が得られる．

$$\dot{V}_1 = \dot{E}_a - \dot{I}_1\dot{Z}_1 = 0, \qquad \dot{I}_1 = \frac{\dot{E}_a}{\dot{Z}_1} = \dot{I}_a \tag{8.53}$$

三相短絡点の電位 $\dot{V}_a = \dot{V}_b = \dot{V}_c$ は，$\dot{V}_0 = \dot{V}_1 = \dot{V}_2 = 0$ であるから，$\dot{V}_a = \dot{V}_b = \dot{V}_c = 0$ となることがわかる．

したがって，三相短絡時における等価回路は図 8.21 のようになる．

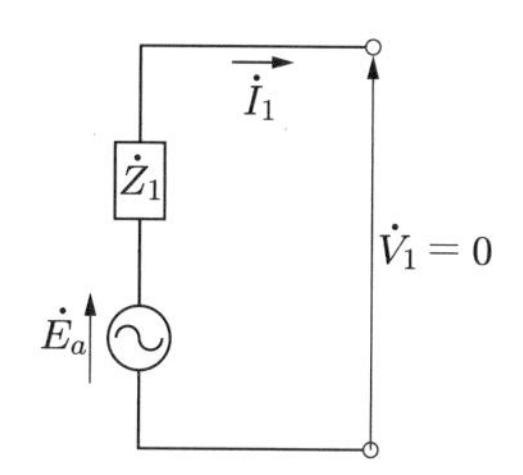

図 8.21　3 線短絡時の等価回路

演習問題

8.1　問図 8.1 の送電系統において，発電所 B の点 P で三相短絡が生じたときの三相短絡電流を計算せよ．ただし，線路電圧は 154 kV とし，x_g は発電機のリアクタンス，x_t は変圧器のリアクタンスである．

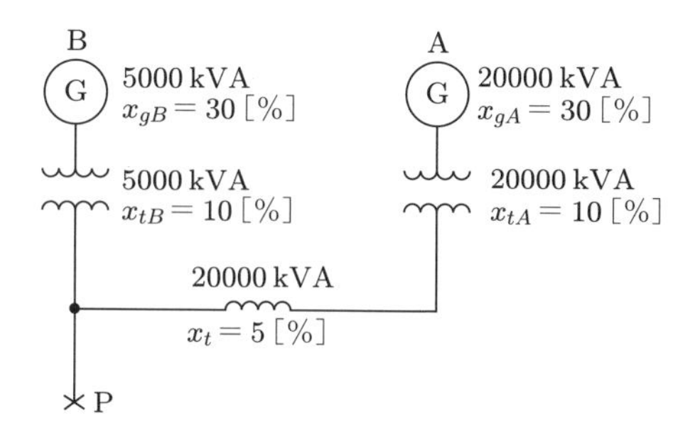

問図 8.1

8.2　問図 8.2 に示す，送電系統の送電線路の送電端側（点 F）で 1 線地絡故障が発生した．1 線地絡電流を求めよ．ただし，リアクタンスの値は，基準容量 1000 MVA，基準線路電圧 500 kV としたときの単位法で図に示すとおりであり，添え字の 1 は正相，2 は逆相，0

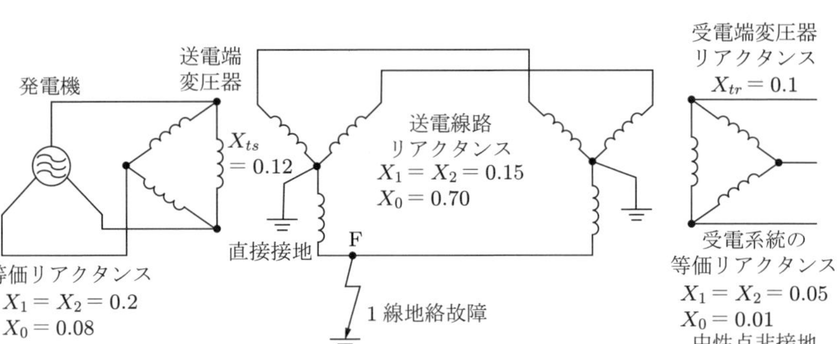

問図 8.2

は零相を意味するものとする．

なお，機器および線路の抵抗分，静電容量は無視し，正相リアクタンスと逆相リアクタンスは等しいと仮定する．また，故障点の故障前における電圧は 1.0 pu であったとする．

8.3 問図 8.3 に示すような，110 [kV]/6.9 [kV] 10000 [kVA] の三相変圧器 1 台をもつ配電用変圧器から引き出された，こう長 1 km の三相配電線路がある．この配電線路の引出口の点 A および末端の点 B の三相短絡電流および短絡容量を，%インピーダンス法により求めよ．ただし，変圧器 1 相あたりのリアクタンスは 0.5 Ω，配電線路の電流 1 条あたりの抵抗およびリアクタンスはいずれも 0.4 Ω/km とし，その他の定数は無視するものとする．また，短絡前の点 A および点 B の各線間電圧は 6.9 kV とする．

電源　変圧器　A　B　1km

問図 8.3

8.4 問図 8.4 の三相交流発電機の端子 a で，地絡事故が生じたときの電流 $\dot{I}_a$ を求めよ．

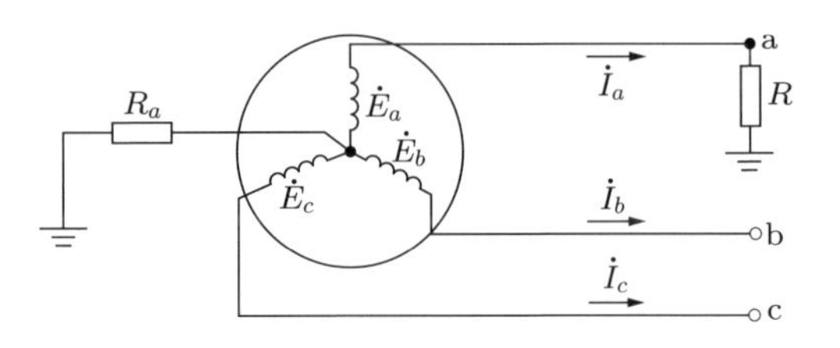

問図 8.4

第 3 高調波および中性点接地

もしも発・変電所の変圧器を接地せずに，送電線を大地から絶縁して運転してしまうと，線路上で地絡故障などが起こった際に異常電圧が発生する危険性がある．また同時に，線路上では，変圧器から生じる第 3 高調波の起電力が悪影響を及ぼす．そのため，中性点での接地が不可欠である．この章では，中性点接地方式のいくつかについて述べる．

9.1 第 3 高調波の発生

電力系統には，数多くの変圧器が接続されている．この変圧器の電圧と電流の関係を考えてみよう．

図 9.1(a) の変圧器の巻数 n_1 の一次巻線の端子に電圧 e を加えたときの励磁電流 i と磁束 ϕ との特性は，電磁気学で習ったように，図 (b) のように非線形のヒステリシスループを描いて求める．

いま，図 9.1(b) の ϕ と i の関係は，図 (c) のように次式で表される．

$$\phi = \alpha i - \beta i^3 \tag{9.1}$$

ここで，α，β は定数である．

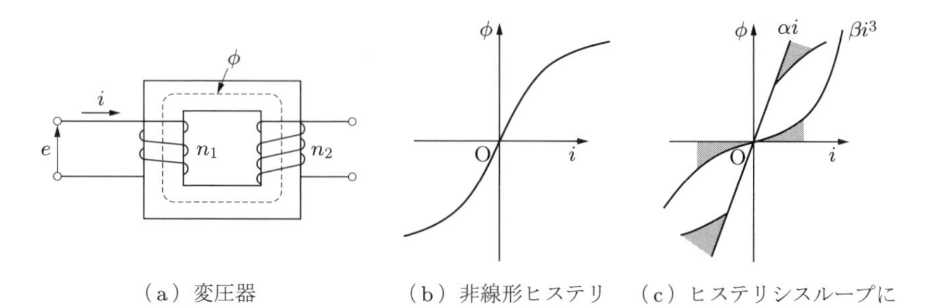

（a）変圧器　（b）非線形ヒステリシスループ　（c）ヒステリシスループにおける ϕ と i の関係性

図 9.1　変圧器のヒステリシスループ

鉄心入りコイルの励磁電流 i が正弦波であるとすれば，$i = I_m \sin\omega t$ である．これを上式 (9.1) に代入すれば，つぎのようになる．

$$\begin{aligned}\phi &= \alpha I_m \sin\omega t - \beta {I_m}^3 \sin^3\omega t \\ &= \alpha I_m \sin\omega t - \frac{3}{4}\beta {I_m}^3 \sin\omega t + \frac{\beta}{4}{I_m}^3 \sin 3\omega t \\ &= \frac{4\alpha I_m - 3\beta {I_m}^3}{4}\sin\omega t + \frac{\beta}{4}{I_m}^3 \sin 3\omega t \qquad (9.2)\end{aligned}$$

一次巻線の端子電圧 e はつぎのようになる．

$$e = n_1\frac{d\phi}{dt} = \frac{n_1\omega(4\alpha I_m - 3\beta {I_m}^3)}{4}\cos\omega t + \frac{3n_1\omega\beta {I_m}^3}{4}\cos 3\omega t \qquad (9.3)$$

すなわち，式 (9.3) より電流が正弦波であれば，その端子電圧に**第 3 高調波**を含むことになる．逆に，電流がひずみ波ならば電圧が正弦波となることがわかる．これらの波形は正負相等しく対称波となるので，第 1 高調波，第 3，第 5，第 7，…，などの奇数高調波を含むことになる．

これらの高調波は，次数が高くなるに従って，その振幅は次第に小さくなるので，第 3 高調波の起電力が最大となる．第 3 高調波の起電力は，鉄心内の第 3 高調波の磁束によって生じるので，この起電力は一次巻線にも二次巻線にも誘導される．

つぎに，これらの基本波と第 3 高調波を含んだ，ひずみ電圧を誘起する単相変圧器を 3 台，Y 形に結線した図 9.2 で考えると，a，b，c 各相の起電力 e_a，e_b，e_c は次式で表される．

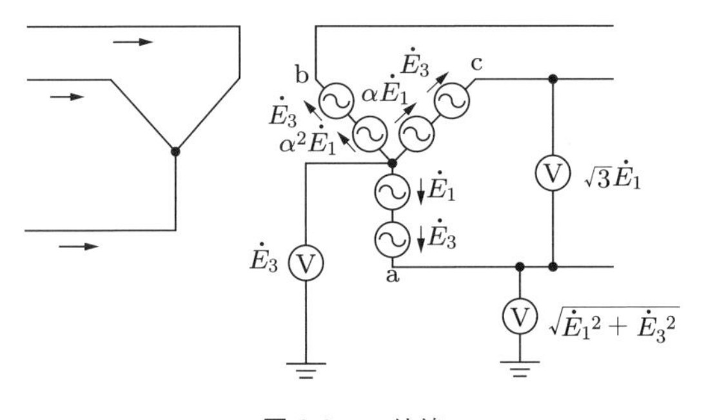

図 9.2 Y 結線

$$\left.\begin{aligned}e_a &= \sqrt{2}E_1 \sin\omega t + \sqrt{2}E_3 \sin 3\omega t \\ e_b &= \sqrt{2}E_1 \sin(\omega t - 120^\circ) + \sqrt{2}E_3 \sin\{3(\omega t - 120^\circ)\} \\ e_c &= \sqrt{2}E_1 \sin(\omega t - 240^\circ) + \sqrt{2}E_3 \sin\{3(\omega t - 240^\circ)\}\end{aligned}\right\} \qquad (9.4)$$

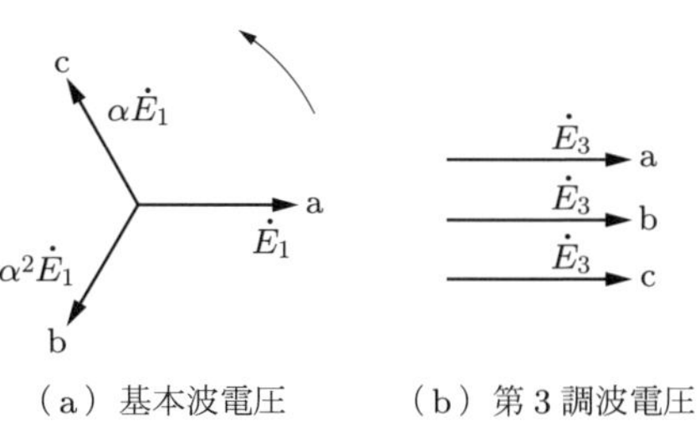

（a）基本波電圧　（b）第3調波電圧

図 9.3

ここで，E_1 は基本波実効値起電力，E_3 は第3高調波実効値起電力，ω は基本波角周波数である．

式 (9.4) をみればわかるように，基本波起電力 E_1 は平衡三相電圧を表し，第3高調波の起電力 E_3 は同相（零相）の単相電圧を表している．これらを図示すると図 9.3 のようになる．

したがって，図 9.2 の Y 結線の各端子に電圧計Ⓥを接続すると，図に示したような値を指示することになる．すなわち，線間電圧には第3高調波 E_3 は同相では打ち消し合い，現れないことがわかる．

しかし，送電線路には対地静電容量が存在し，かつ保安上，Y 形の中性点を接地するので，零相電圧を通して第3高調波の電流 I_3 が和となって大地電流 $3I_3$ となり，通信線路に対し電磁誘導障害を与えることになる．

つぎに，図 9.4 のように単相変圧器3台を用いて Δ 結線すると，第3高調波電流 I_3 は同相（零相）であるため循環するので，線間電圧は現れず，基本波電圧 E_1 のみが現れる．これらの Δ 結線の端子に電圧計Ⓥを接続すると，線路内の電圧は，基本波である変圧器の誘導起電力のきれいな正弦波の電圧波形を示すことになる．

このように，Δ 結線は電圧のひずみに対しては**理想的な接続法**である．しかし，送電線の運用にあたって保安上中性点を接地する必要があるのだが，Δ 結線では中性点

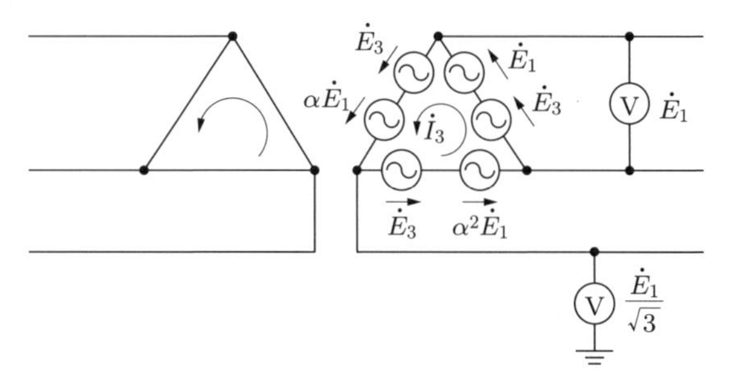

図 9.4　Δ 結線

がとれない．

そこで，変圧器の接続法としては，鉄心は一次，二次ともに共通であるから，発電機側を Δ 結線とし，線路側を Y 結線として，この Δ 結線の中で第 3 高調波電流を循環させるのがよい．そうすると，線路側の Y 結線の中性点には $E_1 = 0$ であり，$E_3 = 0$ であるから，Y 結線の中性点は安心して接地することができる．

これらの目的のために，送電系統において変圧器の巻線は，発電所側では **Δ–Y 結線**を，変電所側では **Y–Δ 結線**を採用するのである．

9.2 中性点接地方式

発変電所の変圧器の中性点の接地方式としては，**直接接地方式**，**消弧リアクトル接地方式**，**抵抗接地方式**，および**非接地方式**がある．これらの接地方式の効果としては，

- 異常電圧の抑制
- 対地電圧の低下による経済的絶縁設計
- 保護継電器の確実な動作

などがあり，よく採用されている．

この反面，消弧リアクトル接地の場合を除き，地絡電流の増加をきたし，送電の安定度の低下，電磁誘導による通信障害，アークによる損傷などが生じるので，これらの障害を防止する対策が必要となる．

（1）　地絡電流の求め方

地絡電流の大きさを求めなければ，障害防止の対策を考えることはできない．鳳–テブナンの定理をつぎのように活用することで，地絡電流を求めることができる．

図 9.5(a) の回路で，インピーダンス $\dot{Z}_0$，$\dot{Z}_L$ の直列回路の端子に実効値 $\dot{E}$ の起電力が加わっているときの，回路を流れる電流の実効値 $\dot{I}$ は，鳳–テブナンの定理により次式で表される．

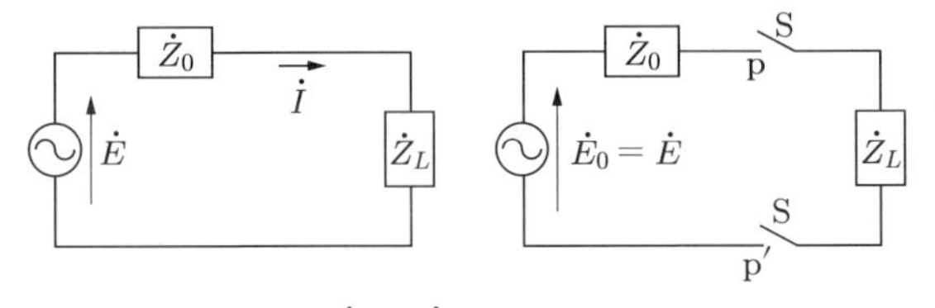

（a）インピーダンス $\dot{Z}_0$ と $\dot{Z}_L$ の直列回路　（b）仮想スイッチの追加

図 9.5　鳳–テブナンの定理

$$\dot{I} = \frac{\dot{E}_0}{\dot{Z}_0 + \dot{Z}_L} \tag{9.5}$$

この式 (9.5) をつぎのように解釈して，インピーダンス $\dot{Z}_L$ の中の電流を求めてみよう．

図 9.5(b) のように，$\dot{Z}_L$ の端子に仮想スイッチ S をおき，これを開いたときに p，p′ 間に現れる電圧を $\dot{E}_0$ とおけば，電流 $\dot{I}$ が流れていないので $\dot{E}_0 = \dot{E}$ となる．これは，式 (9.5) の分子が $\dot{E}$ であることを示している．また，$\dot{Z}_0$ は S を開放のまま電源 $\dot{E}$ を短絡したときの p，p′ 間のインピーダンス $\dot{Z}_0$ を表している．このことから，以下のように計算を進めるとよいことがわかる．

1　電流 $\dot{I}$ を求めようとする素子 $\dot{Z}_L$ を図 9.5(a) のように右端におく．
2　図 (b) のように，素子の前後に仮想スイッチ S を設け，これを開放したときの p，p′ 間の電圧 $\dot{E}_0 = \dot{E}$ を左端におく．
3　電源を短絡すると，p，p′ 間のインピーダンスは $\dot{Z}_0$ であるから，これを左端の $\dot{E}_0 = \dot{E}$ と直列に接続する．
4　仮想スイッチを閉じれば，$\dot{Z}_L$ を流れる電流 $\dot{I}$ は式 (9.5) に一致する．

以上で地絡電流の求め方がわかった．以下では，各設置方式について，これを利用した地絡電流の求め方と，それぞれの障害防止対策について述べていく．

（2）　直接接地方式

この方式は，図 9.6 に示すように，線路側の変圧器の中性点を 0 Ω の導線で直接接地したものである．中性点で接地することから，**中性点直接接地方式**ともいう．

中接点はアースの電圧と同じであるから，健全相の端子 a，b，c の電圧は相電圧 $\left(\dfrac{V}{\sqrt{3}}\right)$ 以上に上昇することがなく，変圧器の対地電圧に対する絶縁が軽減でき，経済的である．

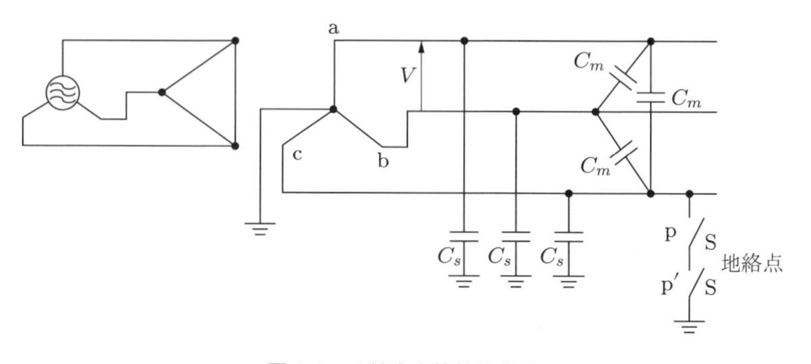

図 9.6　中性点直接接地方式

いま，線 c の電線路で 1 線地絡が生じたとすれば，鳳－テブナンの定理を用いて容易に地絡電流 $\dot{I}_s$ を求めることができる．鳳－テブナンの定理より，等価回路は図 9.7 のように表される．1 線地絡は，0 Ω であったとすれば $\dot{Z}_L = 0$ である．この端子に仮想スイッチ S を 2 個おき，これを開いたときの p，p′ 間に現れる電圧を $\dot{E}_0$ とおけば，1 線地絡電流 $\dot{I}_s$ が流れていないので，$\dot{E}_0 = \dot{E} = \dfrac{V}{\sqrt{3}}$ に等しくなる．

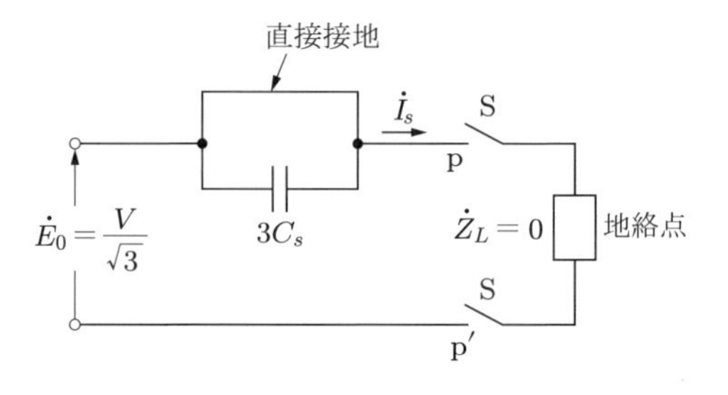

図 9.7　等価回路（直接接地）

また，図 9.5 のインピーダンス $\dot{Z}_0$ は，S を開放のまま，図 9.6 の電源を短絡して pp′ 端子からみた合成インピーダンスであるから，線間容量 C_m は短絡するので零となり，線路と対地間のインピーダンスは合成対地容量 $3C_s$ とその端子を直接接地の 0 Ω の電線で短絡したものとなり，これを $\dot{E}_0$ と直列に接続する手法で行えばよい．

すなわち，点 pp′ の仮想スイッチを閉じたときの 1 線地絡電流 $\dot{I}_s$ が求められ $\left(\dot{I}_s = \dfrac{\dot{E}_0}{0} = \infty\right)$，理論上は無限大となり，地絡継電器の動作は容易となり，故障相（線 c）の遮断は確実に行われる．反面，1 線地絡電流が大きいことで系統の過渡安定度は低下し，電磁誘導電圧は大きくなるので，送電線や機器への熱的，機械的な損傷が生じる恐れがある．

したがって，直接接地方式を採用している系統では，高性能の保護継電器と遮断器を設置して高速で故障を除去する必要がある．また，電磁誘導障害に対しては，遮へい線を通信線との間に設置して防止しなければならない．わが国では，187 kV 以上の送電系統にこの方式が採用されている．

（3）　抵抗接地方式

この方式は，図 9.8 に示すように，変圧器の中性点を抵抗 R で接地するものである．

いま，線 c の電線路で 1 線地絡事故が生じたとすれば，直接接地方式と同様に，容易に地絡電流 $\dot{I}_s$ を求めることができる．

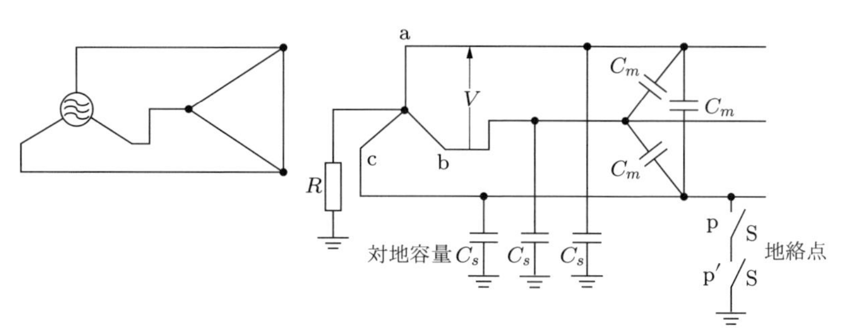

図 9.8　抵抗接地方式

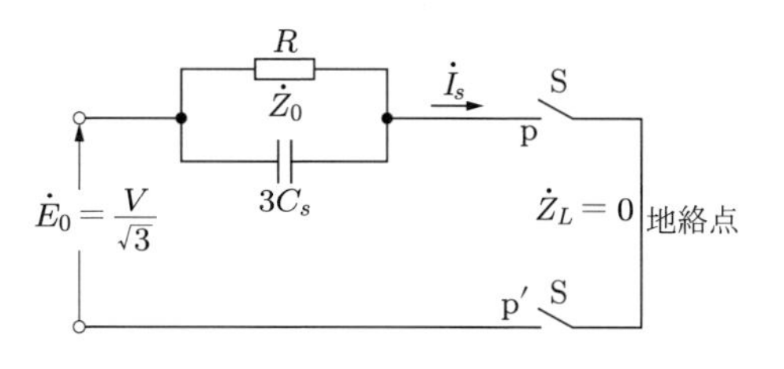

図 9.9　等価回路（抵抗接地）

図 9.5 を利用すると，1 線地絡事故の等価回路は図 9.9 で表される．ここで，$\dot{E}_0$ は，地絡点の仮想スイッチ S を開いたときの p，p′ 間に現れる電圧である．また，Z_0 は電源を短絡したときの p，p′ 間のインピーダンスであり，線間容量 C_m は短絡される．

したがって，仮想スイッチ S を閉じたときの 1 線地絡電流 $\dot{I}_s$ は次式となる．

$$\dot{I}_s = \left(\frac{1}{R} + j3\omega C_s \right) \frac{V}{\sqrt{3}} \tag{9.6}$$

ここで，$\omega = 2\pi f$ は電源の角速度で，f は周波数である．

抵抗 R が高抵抗（数百 Ω）となると，健全相の端子 a，b の電位は線間電圧 V [V] まで上昇するので，式 (9.6) により地絡電流を制限し，普通 100 A となるよう抵抗値を決める．

したがって，電磁誘導障害を低減することができ，また系統の過渡安定度を向上させることができる．この方式は 154 kV 以下の送電系統に用いられており，故障時の健全相の対地電圧は高くなるが，系統電圧が超高圧に比べて低いため，絶縁強度の確保は相対的に容易となる．一方で，地絡故障リレーの検出機能が低下するため，零相電圧と地絡電流との組み合わせで地絡電流を検出している．

（4）　消弧リアクトル接地方式

送電線の事故の中でもっとも多いのは，1 線の地絡事故（**1 線地絡事故**）である．消

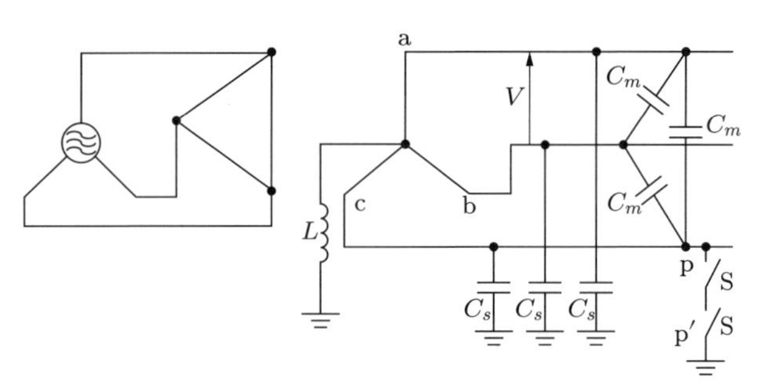

図 9.10 消弧リアクトル接地方式

弧リアクトル接地方式は，図 9.10 に示すように，変圧器の中性点をインダクタンス L で接地し，1 線地絡時の地絡電流を零とし，故障回路を遮断することなく送電を継続しようとするものである．

線 c の電線路で 1 線地絡事故が発生したときの地絡電流 $\dot{I}_s$ も，鳳−テブナンの定理を用いると容易に求めることができる．

図 9.11 は，これを用いたときの 1 線地絡事故の等価回路である．ここで，$\dot{E}_0$ は，地絡点の仮想スイッチ S を開いたとき，p，p′ 間に現れる電圧である．また，$\dot{Z}_0$ は，図 9.10 の消弧リアクトル接地の電源を短絡し，地絡点の仮想スイッチ S を開いたときの p，p′ 間のインピーダンスであり，線間容量 C_m は短絡されて零となる．

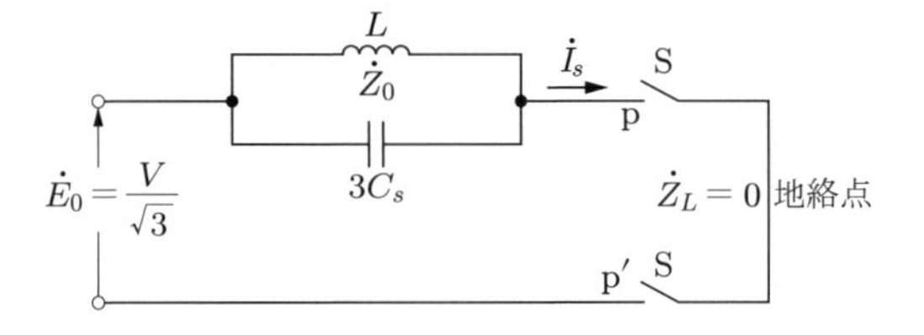

図 9.11 等価回路（消弧リアクトル）

したがって，仮想スイッチ S を閉じたときの 1 線地絡電流 $\dot{I}_s$ は次式で表される．

$$\dot{I}_s = \left(\frac{1}{j\omega L} + j3\omega C_s\right)\frac{V}{\sqrt{3}} = -j\left(\frac{1}{\omega L} - 3\omega C_s\right)\frac{V}{\sqrt{3}} \tag{9.7}$$

ここで，中性点のインダクタンス L を調整すれば，

$$\dot{I}_s = 0 \tag{9.8}$$

とすることができる．このときの条件は（並列共振），

$$\frac{1}{\omega L} = 3\omega C_s \qquad \therefore \quad \omega L = \frac{1}{3\omega C_s} \tag{9.9}$$

である．

これが消弧リアクトルの理論である．消弧リアクトルの設計の対象となるのは線路の対地容量 C_s のみであり，線間容量 C_m には無関係である．

（5） 非接地方式

この方式は，電圧が33 kV 以下と低く，送電線路が短い系統に用いられており，6.6 kV 高圧配電線はすべてこの方式を採用している．もちろん，変圧器の結線が Δ－Δ 接続で中性点が接地できない場合であり，図9.12のように示される．

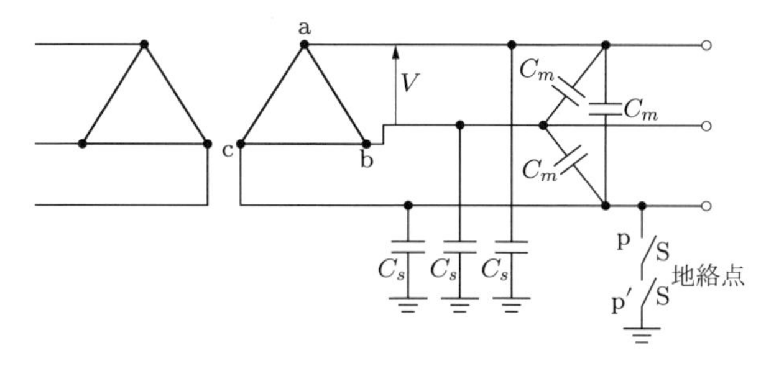

図9.12　非接地方式

線 c の電線路で1線地絡事故が発生したときの地絡電流 $\dot{I}_s$ も，鳳－テブナンの定理を用いると容易に求めることができる．

図9.13は，これを用いた1線地絡事故の等価回路である．ここで，$\dot{E}_0$ は，地絡点の仮想スイッチ S を開いたときの p，p′ 間に現れる電圧である．また，$\dot{Z}_0$ は，図9.11の電線路において電源を短絡し，地絡点の仮想スイッチ S を開いたときの p，p′ 間のインピーダンスであり，線間容量 C_m は短絡されて零となる．

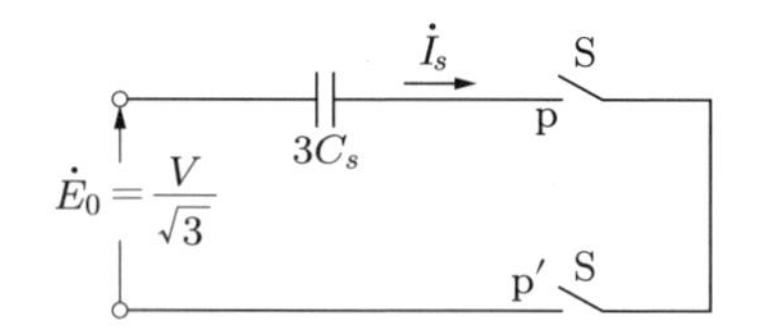

図9.13　1線地絡時等価回路（非接地方式）

したがって，仮想スイッチ S を閉じたときの1線地絡電流 $\dot{I}_s$ は，次式で表される．

$$\dot{I}_s = j3\omega C_s \frac{V}{\sqrt{3}} \tag{9.10}$$

すなわち，非接地式の1線地絡時の電流は小さく，地絡前の正常時に流れている対地充電電流であり，正相電圧が低下することがないため，故障による影響が小さい．遮断器を動作させるためには，高感度の保護リレーが用いられている．

以上，四つの中性点接地方式を比較すると，表 9.1 のようになる．①～⑦までは 1 線地絡故障のときの比較であり，⑧が 1 線断線故障のときの比較で，⑨が電線路上のときの比較である．

表 9.1　中性点接地方式の比較

項　目	非接地	直接接地	高抵抗接地	消弧リアクトル接地
① 1 線地絡時の健全相の電圧上昇	少なくとも $\sqrt{3}$ 倍まで上がる	零 常時と変わらない	$\sqrt{3}$ 倍	少なくとも $\sqrt{3}$ 倍まで上がる
② 絶縁レベルがいし個数	減少不能	減少することができる	減少不能	減少不能
③ 変圧器	最高，全絶縁	最低，低減 絶縁または段絶縁可能	高，全絶縁	高，全絶縁
④ 避雷器	定格電圧低下不能	定格電圧低下可能 275 kV 系で 260 kV のもの使用	定格電圧低下不能	定格電圧低下不能
⑤ 地絡電流	小 対地充電電流が流れる	最大	中 ほぼ中性点抵抗値で定まる（100～300 A）	最小
⑥ 保護継電器の動作	困難	もっとも確実	確実	不能 動作させるときは並列抵抗を入れる
⑦ 通信妨害	小	最大 これを防ぐため高速度遮断方式を採用	中	最小
⑧ 過渡安定度	大	最小 これを防ぐため高速度遮断方式を採用	中	最大
⑨ 採用線路電圧	33 kV 以下の線路	220 kV 以上の超高圧線路	150 kV 級の線路	77 kV 以下の線路

演習問題

9.1　Y 形に接続された単相変圧器の a 相に，次式のようなひずみ波電圧が誘起しているときの b 相，c 相の基本波，第 3 高調波，第 5 高調波のそれぞれの電圧のふるまいについて述べよ．

$$e_a = \sqrt{2}E_1 \sin \omega t + \sqrt{2}E_3 \sin 3\omega t + \sqrt{2}E_5 \sin 5\omega t$$

9.2　発電所の変圧器が，Δ－Y 結線に結ばれる理由について述べよ．

9.3　中性点直接接地方式の長所と短所について述べ，短所に対する方策について述べよ．

9.4　非接地（A），直接接地（B），抵抗接地（C），消弧リアクトル接地（D）の中性点接地方式において，電線路の1線地絡時の地絡電流が小さい順にA～Dの記号で左から並んでいるのはつぎのうちどれか．

(1)　B，D，C，A
(2)　A，D，C，B
(3)　A，C，D，B
(4)　D，B，C，A
(5)　D，A，C，B

9.5　中性点非接地方式の三相送電線路で1線地絡が生じた．地絡電流の大きさに大きく関係するものは，線路の大地電圧のほか，つぎのうちどれか．

(1)　電線の抵抗　(2)　対地静電容量　(3)　負荷電流
(4)　線路の漏れ抵抗　(5)　線間静電容量

9.6　つぎの（　　）の中に適当な答えを記入せよ．

送電線路はつぎの理由で，その中性点を接地するのが通例である．

- アーク地絡，その他による（　①　）の発生を防止する．
- 電線路の（　②　）の上昇を抑え，電線路および機器の（　③　）を軽減する．
- 地絡故障に際し，（　④　）の動作を確実にする．
- 消弧リアクトル接地においては，1線地絡故障時の（　⑤　）を早く消滅させる．

10 安定度

送電線によって伝送しうる電力は，第 7 章の**電力円線図**で求めることができるが，過大な電力を伝送するときは，負荷に急変があったり故障が生じたりすると不安定で，送電線に接続された同期機は同期が保たれなくなり止まってしまう．この現象を**同期はずれ**という．

安定度には，**定態安定度**と**過渡安定度**がある．

定態安定度は，徐々に負荷を増加した場合に継続的に送電しようとする能力のことで，このとき送電できる最大電力を**定態安定極限電力**という．

過渡安定度は，負荷に急変があったり，故障が生じたりした場合，再び平衡状態を回復して送電しようとする能力のことで，その極限における電力を**過渡安定極限電力**という．一般に，過渡安定極限電力は，定態安定極限電力に比べて大きい．また，発電機に**自動電圧調整器**（AVR）や**調速機**（GOV）などが取り付けられた応答性が速い制御系では，安定度が向上する．**動態安定度**は，このような場合に考えられる安定度である．

この章では，上記の 3 つの安定度について述べる．

10.1 定態安定度

図 10.1(a) は，送電線路の送電端の同期機（**発電機**）と，受電端の同期機（**電動機**）が，それぞれの一相の電圧を $\dot{E}_s$，$\dot{E}_r$ で，これらの位相差角 θ で運転している様子を

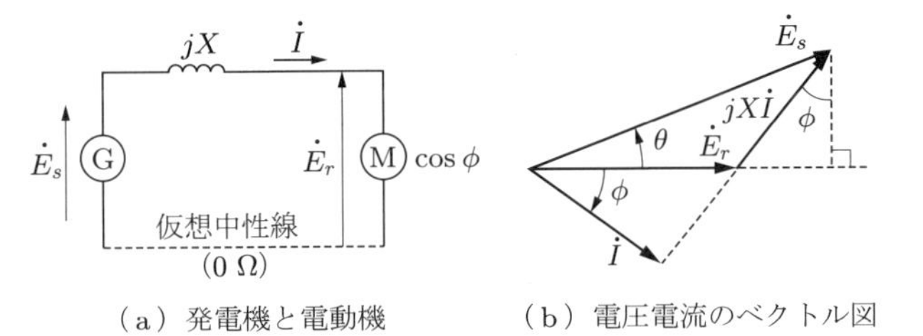

（a）発電機と電動機　　（b）電圧電流のベクトル図

図 10.1　定態安定度

表し，図 (b) に，このときの電圧電流のベクトル図を示す．簡単に求めるために，線路の抵抗を無視すると次式が成立する．

$$\dot{E}_s = \dot{E}_r + jX\dot{I}$$

受電端の力率角を ϕ とすれば，抵抗を無視したので，送電電力 P_s は受電電力 P_r に等しく

$$\begin{aligned} P_s = P_r &= 3E_r I\cos\phi = 3\frac{E_r}{X}XI\cos\phi \\ &= 3\frac{E_r}{X}E_s\sin\theta = \frac{V_sV_r}{X}\sin\theta = P_m\sin\theta \end{aligned} \tag{10.1}$$

となる．ここで，V_s は送電端の線間電圧，$V_s = \sqrt{3}E_s$，V_r は受電端の線間電圧 $V_r = \sqrt{3}E_r$，X は線路の誘導リアクタンスで，P_m は最大電力 $P_m = \dfrac{V_sV_r}{X}$ である．

したがって，相差角 $\theta = 90°$ のとき，送電電力は最大，つまり定態安定極限電力となる．

10.2 過渡安定度

定態状態では，発電機も電動機もそれぞれ**入力**と**出力**が平衡して，それらの相電圧の相差角が，そのときの負荷と系統のインピーダンスで定まる値となって運転する．

すなわち，発電機は機械的入力と電気的出力が平衡を保ち，電動機は電気的入力と機械的出力が平衡を保っていて，徐々に負荷が変化する場合は送電系統はこれに対応して安定に送電を継続することができる．

しかし，負荷が急変したり接地短絡などの故障が生じると，発電機も電動機もその入力と出力の平衡が破れる．すると，平衡状態を回復するために同期機間の相差角が変化する．

すなわち，発電機と電動機の入力と出力に差ができるので，この差の電力に比例して回転子が加速したり，または減速して新しい平衡状態に落ちつくまで相差角が移動する．しかし，回転子は慣性があるので，この平衡状態まで移動しても，ただちにその位置で止まることができず，そのつりあいの位置を中心として振動しながら最終の平衡した相差角に達しようとする．

（1） 負荷が急変する場合の相差角のふるまい

電力と相差角との間には，抵抗分を無視すると式 (10.1) の関係があるから，これを図示すると図 10.2 のようになる．

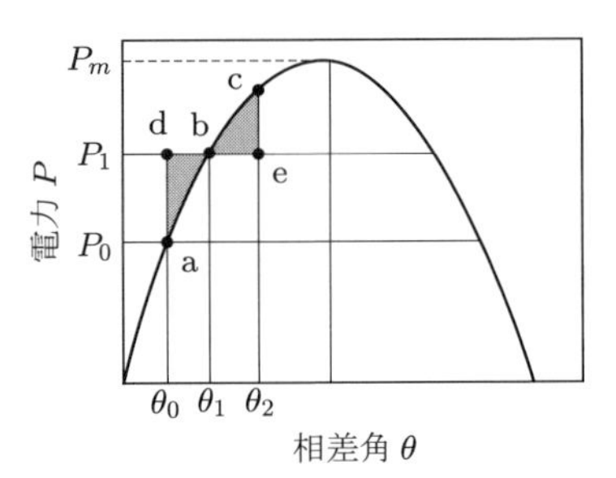

図 10.2 電力相差角曲線

いま，P_0 で運転しているとき P_1 に急増したとすると，$P_1 - P_0$ だけ電動機入力が不足するから，電動機は減速する．発電機も減速するが，慣性が大きいから電動機のほうが減速が大きく相差角 θ が開く．電動機は回転子の速度を減じて運動エネルギーの一部を放出し，入力不足を補う．

この放出エネルギーは面積 abd に比例する．慣性のため θ_1 を越えて移動するから入力は P_1 を越えて増大する．したがって，電動機は加速しながら面積 bce が abd と等しくなる相差角 θ_2 まで移動し，同期速度となる．同期速度を越すと相差角は減少して θ_1 のほうに戻る．この位置を中心として振動しながら，最終の平衡した相差角 θ_1 に落ち着く．このときの P_1 が過渡安定極限電力である．

（2） 1 回線遮断後の相差角のふるまい

図 10.3 の曲線 A は $P_A = P_{mA} \sin\theta$ を，曲線 B は，通常，線路は 2 回線であるため，並行 2 回線の送電系統において，1 回線が事故で遮断した場合の 1 回線遮断後の電力相差角曲線 $P_B = P_{mB} \sin\theta$ を示したものである．

いま，電力 P_0 で運転中，事故のため 1 回線が遮断されると，動作点は曲線 B 上の点 b に移動する．同一電力を維持するには，曲線 B 上の点 c に移動しなければならな

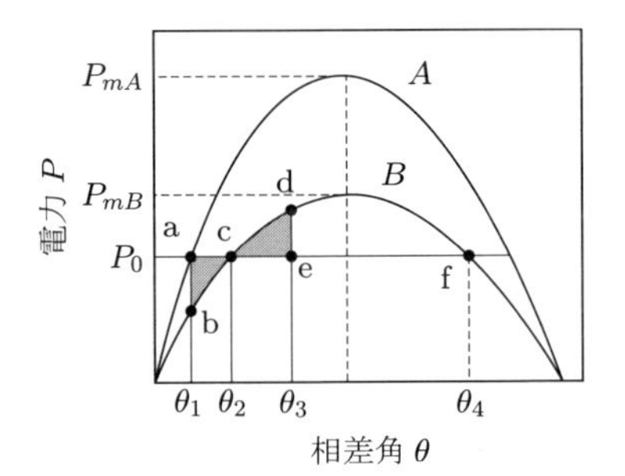

図 10.3 1 回線遮断

い．これは発電機の加速によって達成されるが，慣性のため行き過ぎて点 d に至る．この点 d では電力が過剰となるので減速の力がはたらく．

このような振動を繰り返し，最終的には点 c に落ちつく．行き過ぎの場合に，これを復帰させようとする力は点 f より先では急激に減少し，同期はずれが生じる．

（3） 動態安定度

通常，定常安定度を考える場合，発電機の内部誘起起電力は，発電機出力が変化しても瞬間的には変化しないものと考える．一方，近年採用されている励磁機や AVR のような，応答性が速く不感帯が少ない場合は，発電機出力に応じて発電機端子電圧も変化するが，その変化を AVR が検出して界磁回路をフィードバックして発電機端子電圧を一定に維持するよう内部誘導電圧を制御するため，安定度を向上できる．このときの安定度を**動態安定度**という．とくに，安定度が厳しい発電機が進み力率で運転している場合は，安定領域は著しく拡大し，極限位相角は 120〜130° まで増え，安定極限電力が増加することになる．

（4） 安定度の向上

電力系統の安定度を向上させるためには，式 (10.1) の送電電力 P_m を増加させる方策を考えればよい．そしてそのためには，送電端の線間電圧 V_s および受電端の線間電圧 V_r を高くしたり，線路の誘導リアクタンス X を低減したりすればよい．これを具体的に実施する方法としては，つぎのものがあげられる．

1 送電電圧の次期最高電圧化と送変電設備の新設・増設を行う．
2 送電線や変圧器のリアクタンスを低減する．
3 直列コンデンサを採用する．
4 発電機に制動巻線を設けて，過渡リアクタンスを小さくする．
5 中間調相設備（AVR や同期調速機）を設置する．
6 高速度の継電器や遮断器を設置する．
7 直流連系および直流送電を設置する．

演習問題

10.1 送電安定度を向上させるための方法について述べよ．

10.2 送電端電圧 275 kV，受電端電圧 250 kV，線路の抵抗を無視し，リアクタンスを 300 Ω としたときの，定態安定極限電力はいくらか．

10.3 つぎの（　）の中に適当な答えを記入せよ．

定態安定度とは，発電機の（ ① ）を徐々に増加した場合に発電機の（ ② ）運転の限度を示す．

過渡安定度とは，急激な負荷変動，線路の（　③　）など（　④　）状態の（　②　）運転が継続可能な程度を示し，一般に定常安定度よりも低い値を示す．

10.4　電力系統の安定度向上対策について式 (10.1) を用いて述べよ．

10.5　つぎの（　　）の中に適当な答えを記入せよ．

定態安定度は，負荷や（　①　）の微小な変化や非常に緩やかな擾乱に対して（　②　）を保ち，安定に送電を維持できる度合いである．

過渡安定度は，電力系統がある条件下で安定に送電しているときに，地絡，（　③　），回線遮断，（　④　），再閉路，系統分離などの急激な擾乱の場合でも，再び（　⑤　）状態を回復して送電できる度合いである．その安定を保ちうる範囲内の最大電力を（　⑥　）電力とよぶ．

11 直流送電

通常，世界中の電力系統は，交流での送電が基本である．だが，直流の送電の場合，線路上での静電容量を考慮せずに送電できるので，電力損失が低減できる．このため，長距離の大電力の送電系統では，一部で直流送電が導入されている事例がある．この章では，この直流送電の利点および欠点について述べる．

11.1 直流送電システム

直流送電システムの概念図を図 11.1 に示す．交流電力は，変圧器を経て，変換装置であるサイリスタバルブ（または水銀整流器）により直流に変換され，架空線あるいは電力ケーブルで送電される．受電側では逆の変換が行われ，交流電力に戻される．**直流リアクトル**は，直流に残る脈動分を平滑にする．

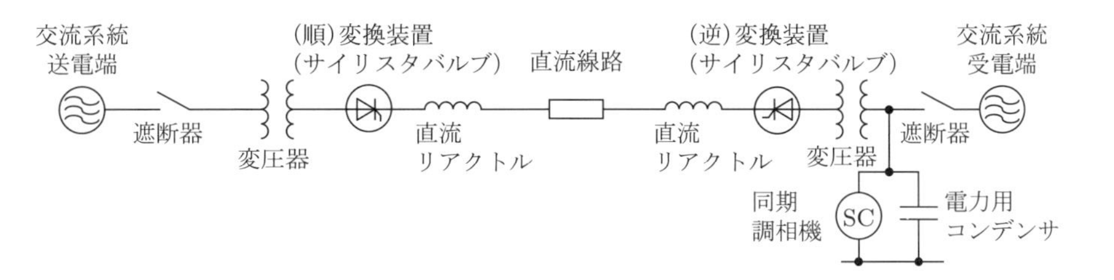

図 11.1　直流送電系統図

変換装置では，交流または直流電力の変換を行い，変換用変圧器，ゲート点狐装置，制御保護装置，その他の補助装置などから構成される．実用化されている変換装置は他励式であり，位相制御によって，交流から直流へ順変換する順変換装置としても，またはその反対の逆変換をする逆変換装置としても動作する．順変換と逆変換のそれぞれで進み無効電力を 60％ 程度消費するため，その供給源として，**電力用コンデンサ**や**同期調整機**が設置される．

変換装置は，図 11.2 に示す三相ブリッジ接続が基本構成となる．図中の $T_1 \sim T_6$ を主バルブとよび，変換装置の直流端子と交流端子の間につながれたバルブまたはバルブ

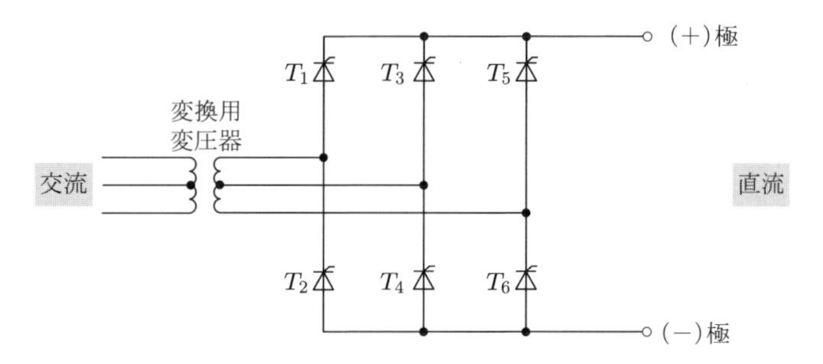

図 11.2　変換装置（三相ブリッジ接続）

群を主アームとよぶ．直流送電用変換装置は順変換・逆変換ともに，有効電力の 60％程度の遅れ無効電力を必要とする．そのため，進み無効電力を供給してこれを補償しなければならない．無効電力は制御角が大きいほど増加するので，変換用変圧器の変圧比にタップを設けることで換え，これにより制御角を小さくする必要がある．

わが国では，たとえば，北海道と本州の間には海底ケーブルで結ばれた 60 万 kW の直流送電が運転されている．

11.2　直流送電の長所と短所

（1）　長　所

- 直流線路の絶縁は，交流線路に比べて低い．
- インダクタンスの影響がないので，電圧降下が少なく電圧変動率も少ない．
- 誘電体損失がないから，補償用の分岐リアクトルを設置する必要がなく，ケーブル送電が容易である．
- 表皮効果がなく，コロナ損失も少ない．
- 交流は安定度の問題があるので，送電電力は理論的な極限電力よりかなり少なくなるが，直流にはこのような問題がないから理論的最大電力が送れる．
- 非同期連携が可能で，かつ，異なる周波数の系統間の連携が容易である．

（2）　短　所

- 交流から直流へ，直流から交流への交直変換装置が必要で高価である．
- 受電端に無効電力供給設備（電力用コンデンサ，同期調相機）および高調波フィルタの設置が必要である．
- 高調波，高周波障害を防止抑制する対策が必要である．
- 事故時に回路を切り離すための直流遮断器の製作が困難である．

11.3 直流送電の制御

直流送電の制御には，順・逆変換装置のゲートパルスの位相制御が基本であり，交流系統の常時の電圧変動に対する変換装置の力率の悪化を避けるために，変換用変圧器のタップ制御が二次的に行われる．制御方式には，代表的なものとして**定電流制御**，**定余裕角制御**，**定電圧制御**，**定電力制御**，**周波数制御**などがあげられるが，その基本となるものは，定電流制御と定余裕角制御である．

（a） 定電流制御（ACR）

直流電流を一定にする，逆変換用の制御である．送電電圧をできるだけ定格値に保ち，送電損失を小さくする．

（b） 定余裕角制御（AδR）

転流失敗を防止して高効率で運転するための，順変換用の制御である．

一般に，定常時は順変換装置の AδR が動作し，直流が 18～20％ 程度低下したときに逆変換装置の ACR が動作するようになっている．

（c） 定電圧制御（AVR）

交流電圧を一定にする制御で，交流電圧の過度な過電圧を抑制する場合に用いられる．また，直流多端子送電系統においては，各端子間の協調制御を行うために用いられる．

（d） 定電力制御（APR）

常に直流電力を一定に保つ制御である．ACR で送受電端の交流電圧が一定であればこの制御となる．交流系統の電圧受動があるときでも直流電力を一定値に制御するためには，交流側の電力を検出し，設定値との差で AδR を動作させれば APR となる．

演習問題

11.1　直流送電の構成を述べよ．

11.2　直流送電の得失を述べよ．

11.3　直流送電はどのような場所に適用される送電が適しているのか述べよ．

演習問題解答

1.1　1.2 節の電圧に関する基本事項を参照.

1.2　式 (1.1) より，a 相の起電力は中性点 O から端子 $\overrightarrow{\mathrm{Oa}}$ の方向に，最大電圧 E_m を誘起しているので，このときは $\omega t = 90°$ である.

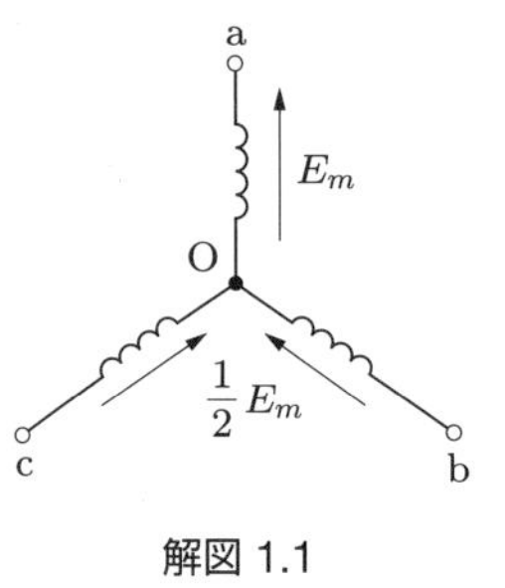

解図 1.1

　したがって，b 相および c 相の電圧 e_b，e_c は

$$e_b = E_m \sin(90° - 120°)$$
$$= -E_m \sin 30° = -\frac{1}{2}E_m$$
$$e_c = E_m \sin(90° - 240°)$$
$$= -E_m \sin 150° = -\frac{1}{2}E_m$$

となり，いずれも負（−）であるから，端子から中性点方向に誘起し，その値は $\frac{1}{2}E_m$ であることを意味している（解図 1.1）．また，電流についても同様である.

1.3　Δ 結線であると，無負荷の状態でも循環電流が流れる恐れがある．Y 結線であると，中性点を接地して保護継電器を使用することができる（解図 1.2）.

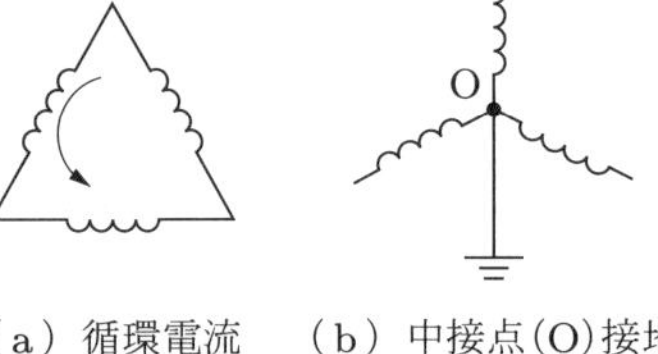

（a）循環電流　（b）中接点(O)接地

解図 1.2

1.4　解図 1.3 のように，10 [kVA] $= V_n I_n \times 10^{-3}$ の変圧器を 3 台，Δ 形に接続したときの全負荷時の三相負荷 S_Δ は，式 (1.12) を用いてつぎのように得られる.

$$S_\Delta = \sqrt{3}V_n \times \sqrt{3}I_n \times 10^{-3} = 3V_n I_n \times 10^{-3} = 3 \times 10 = 30 \text{ [kVA]}$$

　つぎに，1 台が故障したので取り外し，残り 2 台で三相負荷に供給したときの三相負荷を S_V とおけば（解図 1.4），Δ 結線の場合には線電流は $\sqrt{3}I_n$ まで流せたが，V 結線の場合は変圧器の定格電流 I_n が線電流となる.

　したがって，S_V は式 (1.11) より

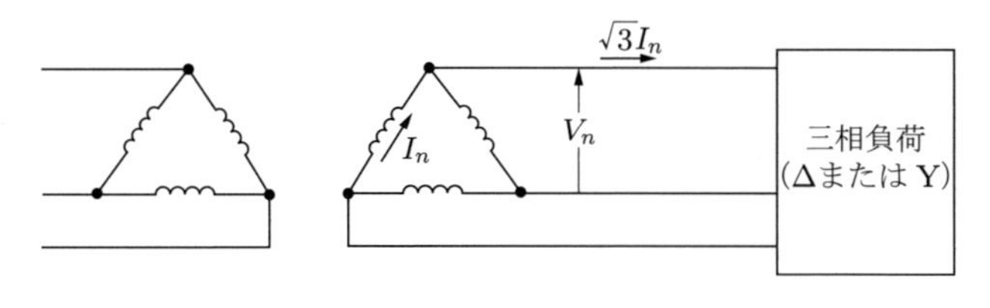

解図 1.3

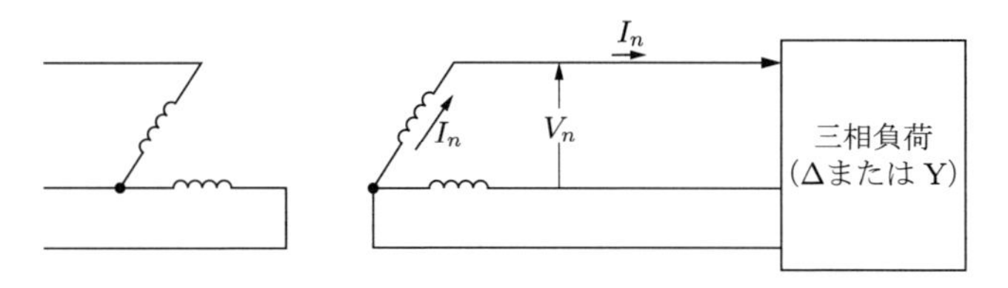

解図 1.4

$$S_V = \sqrt{3}V_n \times I_n \times 10^{-3} = \sqrt{3} \times 10 = 17.3 \text{ [kVA]}$$

に負荷制限しなくてはならない．

1.5 ここでは式 (1.13) を用いて計算し，電力 P は実数部で表されるので，

$$\begin{aligned} \dot{E}\bar{\dot{I}} &= (e_1 + je_2)(i_1 - ji_2) \\ &= e_1 i_1 + e_2 i_2 + j(e_2 i_1 - e_1 i_2) \\ \therefore \quad P &= e_1 i_1 + e_2 i_2 \end{aligned}$$

となる．

位相差は，電圧電流両ベクトルの商の位相であるから

$$\begin{aligned} \frac{\dot{E}}{\dot{I}} &= \frac{e_1 + je_2}{i_1 + ji_2} = \frac{e_1 + je_2}{i_1 + ji_2} \cdot \frac{i_1 - ji_2}{i_1 - ji_2} \\ &= \frac{e_1 i_1 + e_2 i_2 + j(e_2 i_1 - e_1 i_2)}{{i_1}^2 + {i_2}^2} \end{aligned}$$

となる．すなわち，両ベクトルの位相差 ϕ は，つぎのようになる．

$$\phi = \tan^{-1} \frac{e_2 i_1 - e_1 i_2}{e_1 i_1 + e_2 i_2}$$

2.1 需要率は式 (2.9) を，不等率は式 (2.10) を，負荷率は式 (2.11) を参照されたい．

2.2 式 (2.12) を参照．

2.3 変圧器二次側の定格電圧および電流をそれぞれ V_n [V]，I_n [A] とすれば，

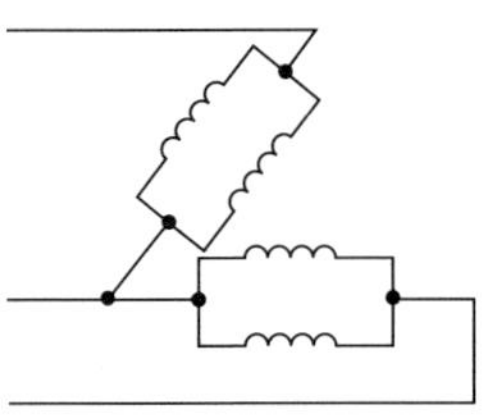
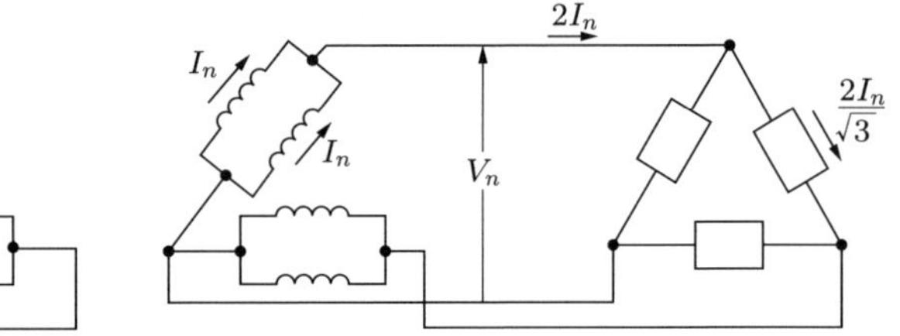

解図 2.1

$$定格容量 = V_nI_n \times 10^{-3} = 100 \text{ [kVA]}$$

である．最大電力を供給するためには，電圧は一定であるから，負荷電流を最大にする必要がある．そのため，解図 2.1 のように V 結線とするとよい．

最大皮相電力 S_V は，式 (1.12) を用いて，つぎのようになる．

$$S_V = \sqrt{3}V_n \times 2I_n \times 10^{-3} = 2\sqrt{3}V_nI_n \times 10^{-3}$$
$$= 2\sqrt{3} \times 100 = \sqrt{3} \times 200 = 346 \text{ [kVA]}$$

2.4 $$設備容量 = 20 \times 5 + 25 \times 4 + 0.1 \times 100 = 210 \text{ [kW]}$$

需要率は，式 (2.9) より，つぎのようになる．

$$需要率 = \frac{最大需要電力}{設備容量} \times 100 = \frac{200}{210} \times 100 = 95.2 \text{ [\%]}$$

2.5 式 (2.10) より，つぎのようになる．

$$合成最大需要電力量 = \frac{最大需要電力の和}{不等率} = \frac{設備容量 \times 需要率}{不等率}$$
$$= \frac{500 \times 0.75}{1.42} = 264 \text{ [kW]}$$

3.1 （1） 題意の三相回路の 1 線と仮想中性線との間の一相を解図 3.1 に，この回路の電圧，電流のベクトル図を図 3.3 に準じて描いたもの（略算法）を解図 3.2 に示す．

解図 3.2 より，A，B 間においてつぎがわかる．

$$\frac{V_A}{\sqrt{3}} = \frac{V_B}{\sqrt{3}} + 2I(r_{AB}\cos\phi + x_{AB}\sin\phi)$$
$$\therefore \quad V_B = V_A - 2\sqrt{3}I(r_{AB}\cos\phi + x_{AB}\sin\phi)$$
$$= V_A - 2\sqrt{3} \times 50(1.8 \times 0.8 + 0.8 \times 0.6)$$

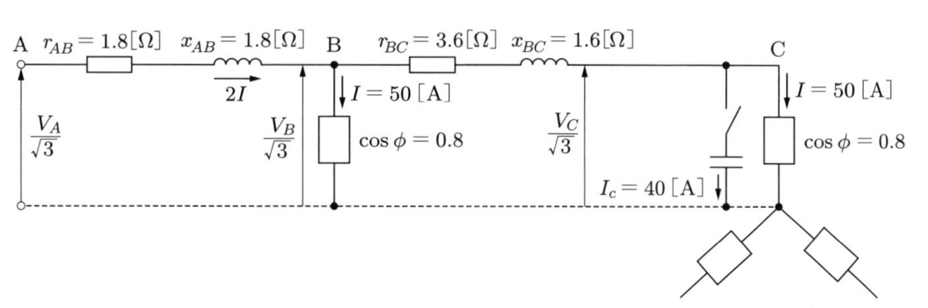

解図 3.1

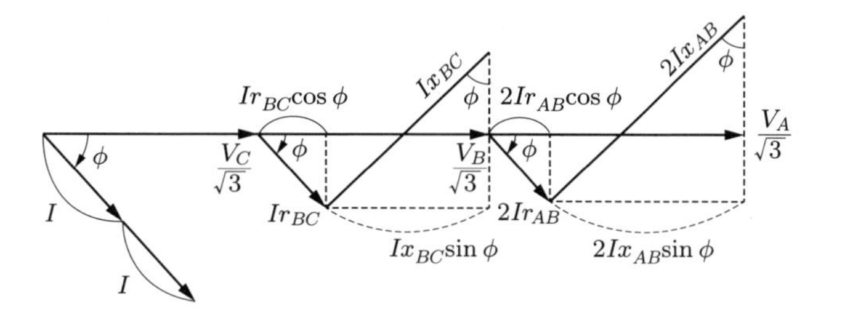

解図 3.2

$$= V_A - 333 = 6600 - 333 = 6.27 \times 10^3 \text{ [V]} \tag{1}$$

同様に，B，C 間においてつぎがわかる．

$$\frac{V_B}{\sqrt{3}} = \frac{V_C}{\sqrt{3}} + I(r_{BC}\cos\phi + x_{BC}\sin\phi)$$

$$\therefore \quad V_C = V_B - \sqrt{3}I(r_{BC}\cos\phi + x_{BC}\sin\phi)$$

$$= V_B - \sqrt{3} \times 50(3.6 \times 0.8 + 1.6 \times 0.6)$$

$$= V_B - 333$$

$$= 6267 - 333 = 5.93 \times 10^3 \text{ [V]} \tag{2}$$

（2） 点 C にコンデンサを接続し，電流 I_c のみが線路を流れたときの電圧電流のベクトルは，解図 3.3 のようになる．

解図 3.3 より，つぎがわかる．

$$\frac{V_A}{\sqrt{3}} = \frac{V_B}{\sqrt{3}} - I_c x_{AB}$$

$$V_B = V_A + \sqrt{3}I_c x_{AB} = 6600 + \sqrt{3} \times 40 \times 0.8$$

$$= V_A + 55 \tag{3}$$

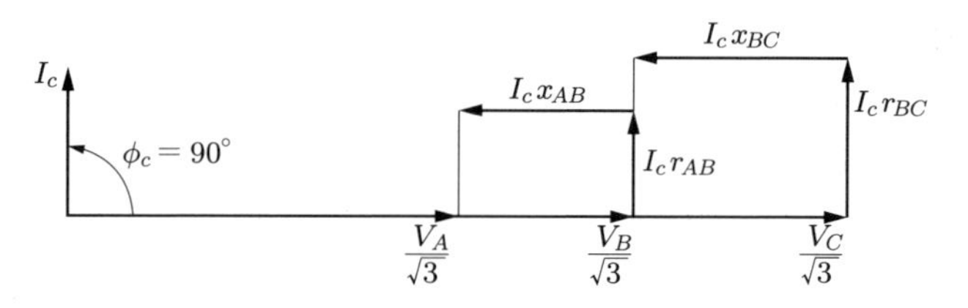

解図 3.3

$$\frac{V_B}{\sqrt{3}} = \frac{V_C}{\sqrt{3}} - I_c x_{BC}$$

$$\therefore \quad V_C = V_B + \sqrt{3} I_c x_{BC} = V_B + \sqrt{3} \times 40 \times 1.6$$

$$= V_B + 111 \qquad (4)$$

以上により，$I = 50$ [A] の遅れ負荷のみが接続されていると，上式 (1)，(2) より，線路の電圧降下を増加させる方向に動作し，$I_c = 40$ [A] の進みコンデンサのみの場合は，上式 (3)，(4) より，線路電圧を増加させる方向に動作することがわかる（これは 6.3 節（4）で述べる，フェランチ効果と考えてよい）.

したがって，重ねあわせの原理により，点 B および点 C の線間電圧をそれぞれ $V_B{}'$，$V_C{}'$ とおけば，つぎのようになる.

$$V_B{}' = V_A - 333 + 55 = 6322 = 6.32 \times 10^3 \ [\mathrm{V}]$$

$$V_C{}' = V_B{}' - 333 + 111 = 6322 - 333 + 111 = 6.10 \times 10^3 \ [\mathrm{V}]$$

（3） コンデンサ設置前の全線路損失（3 線分）P_{l1} は

$$P_{l1} = 3\{(2I)^2 \times r_{AB} + I^2 r_{BC}\} \times 10^{-3}$$

$$= 3(100^2 \times 1.8 + 50^2 \times 3.6) \times 10^{-3} = 81 \ [\mathrm{kW}]$$

となる.

コンデンサ設置後の A，B 間および B，C 間の電流をそれぞれ I_{AB}，I_{BC} とすれば，ベクトル図（解図 3.4，3.5）より

$$I_{BC} = \sqrt{(50 \times 0.8)^2 + (50 \times 0.6 - 40)^2} = \sqrt{1700}$$

$$I_{AB} = \sqrt{(40 + 40)^2 + (30 - 10)^2} = \sqrt{6800}$$

となり，全線路損失（3 線分）P_{l2} は

$$P_{l2} = 3(I_{AB}{}^2 r_{AB} + I_{BC}{}^2 r_{BC}) \times 10^{-3}$$

$$= 3(6800 \times 1.8 + 1700 \times 3.6) \times 10^{-3} = 55.08 \ [\mathrm{kW}]$$

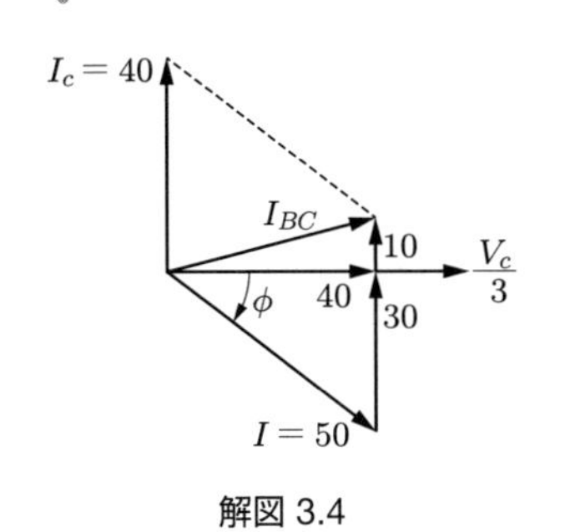

解図 3.4

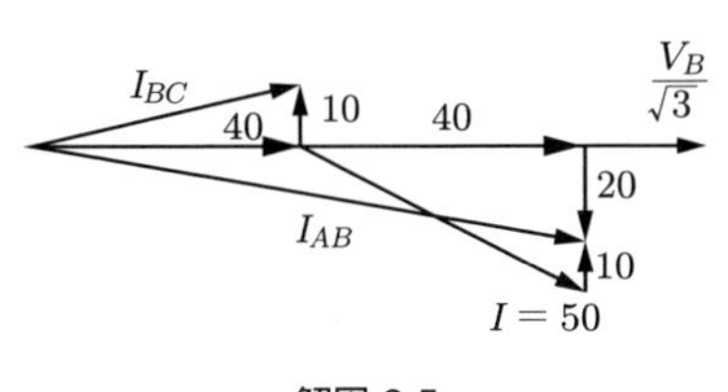

解図 3.5

となる．

よって，

$$\frac{P_{l2}}{P_{l1}} = \frac{55.08}{81} = 0.68$$

となり，コンデンサ設置により線路損失を 68％ に軽減することができる．

3.2 解図 3.6 は，三相 4 線式の長さ l の線路を示す．電線 1 本の抵抗を R_4，断面を A_4 とする．

$$\text{三相電力}\quad P = \sqrt{3} \times \sqrt{3} V I_4 \cos\theta = 3 V I_4 \cos\theta \tag{1}$$

$$\text{線路損失}\quad P_l = 3{I_4}^2 R_4 \tag{2}$$

同一電力の条件より，式 (3.7) = 式 (1) なので，つぎがわかる．

$$VI\cos\theta = 3VI_4\cos\theta \qquad \therefore\quad I = 3I_4$$

同一線路損失の条件から，式 (3.8) = 式 (2) なので，つぎがわかる．

$$2I^2R = 3{I_4}^2R_4$$

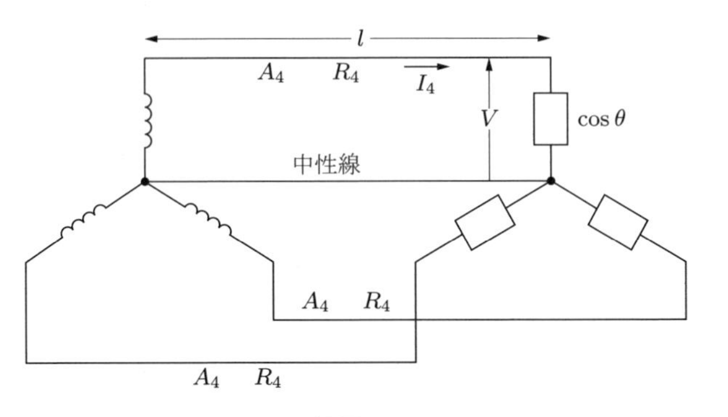

解図 3.6

$$\frac{R_4}{R} = \frac{2}{3}\left(\frac{I}{I_4}\right)^2 = \frac{2}{3}(3)^2 = 6 = \frac{\rho\dfrac{l}{A_4}}{\rho\dfrac{l}{A}} = \frac{A}{A_4}$$

三相 4 線式の電線所要量を W_4 とおけば，所要銅量はつぎのようになる．

$$\frac{W_4}{W} = \frac{4A_4l\sigma}{2Al\sigma} = \frac{4}{2} \times \frac{1}{6} = \frac{1}{3} = 0.333$$

上式は，中性線の太さを線路の断面積 A_4 と同一としたが，$\dfrac{1}{2}A_4$ とすると次式のようになる．ここで，σ は電線の単位体積あたりの重量である．

$$\frac{W_4}{W} = \frac{3.5A_4l\sigma}{2Al\sigma} = \frac{3.5}{2} \times \frac{1}{6} = 0.292$$

3.3　3.3 節（2）の図 3.13 を参照しながら，題意の三相回路を一相について表すと，解図 3.7 のようになる．

受電端の一相の電力ベクトルは図 3.15 で表されるので，この各辺を 3 倍すれば三相全体のベクトル電力が解図 3.8 のようになる．

$$P_{03} = 520\ [\mathrm{kW}], \qquad P_{13} = 80\ [\mathrm{kW}], \qquad \cos\theta = 0.8$$

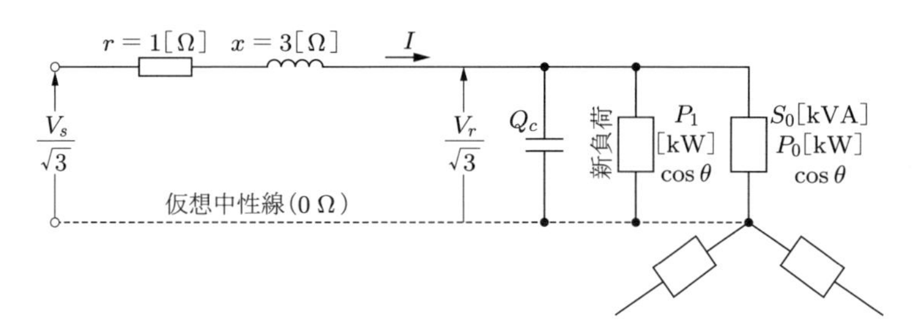

解図 3.7

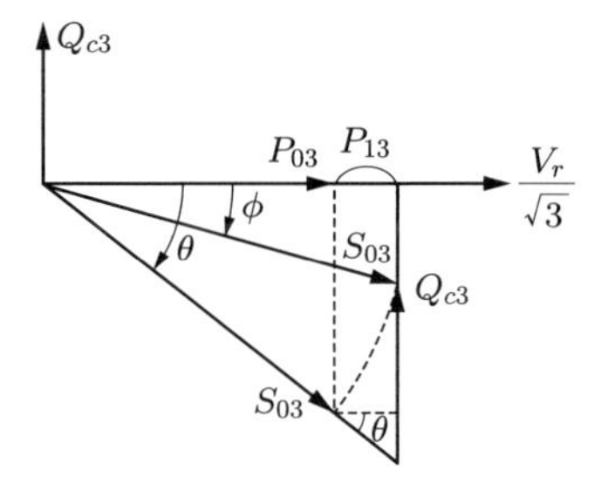

解図 3.8

必要なコンデンサの容量 Q_{c3} は，つぎのようになる．

$$S_{03} = \frac{P_{03}}{\cos\theta} = \frac{520}{0.8} = 650 \text{ [kVA]}$$

$$\cos\phi = \frac{P_{03} + P_{13}}{S_{03}} = \frac{600}{650} = 0.9231$$

$$S_{03}\sin\phi = \sqrt{(S_{03})^2 - (P_{03} + P_{13})^2} = \sqrt{650^2 - 600^2} = 250 \text{ [kVar]}$$

$$\therefore \quad \sin\phi = \frac{250}{S_{03}} = \frac{250}{650} = 0.3846$$

$$Q_{c3} = S_{03}\cos\phi\tan\theta - S_{03}\sin\phi$$
$$= 650 \times 0.923 \times \frac{0.6}{0.8} - 650 \times 0.3846 = 200 \text{ [kVar]}$$

負荷増加前後の送電端電圧 V_s は，式 (3.5) を用いる．まずは電流 I を求める．

$$I = \frac{520 \times 10^3}{\sqrt{3} \times 6000 \times 0.8} = \frac{108}{\sqrt{3}}$$

（ i ） 負荷増加前

$$V_s = V_r + \sqrt{3}I(r\cos\theta + x\sin\theta)$$
$$= 6000 + \sqrt{3} \times \frac{108}{\sqrt{3}}(1 \times 0.8 + 3 \times 0.6) = 6.28 \times 10^3 \text{ [V]}$$

（ ii ） 負荷増加後

受電端電圧および電流は変化しない．

ただし，合成力率は $\cos\phi$ に改善されているので，つぎのようになる．

$$V_s = V_r + \sqrt{3}I(r\cos\phi + x\sin\phi)$$
$$= 6000 + \sqrt{3} \times \frac{108}{\sqrt{3}}(1 \times 0.9231 + 3 \times 0.3846)$$
$$= 6000 + 2243 = 6.22 \times 10^3 \text{ [V]}$$

3.4 式 (3.26) より，平等分布負荷のときの全線路損失 p は

$$p = \frac{1}{3}I^2rL = I^2\frac{1}{3}rL$$

であるから，よって，負荷点の位置は解図 3.9 のように送端から $\frac{L}{3}$ のところに電流 I を集中して負荷したときの線路損失と等価になることがわかる．

解図 3.9

3.5 題意の線路を図示すると，解図 3.10 のようになる．

支持点 B が外れる前の A，B 間，および B，C 間の電線総実長 L は，式 (3.31)

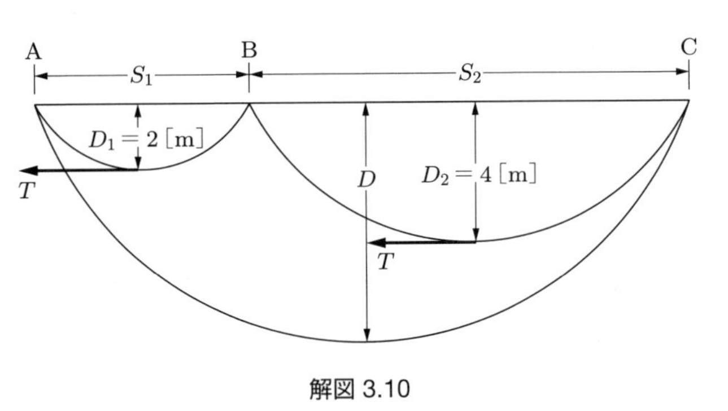

解図 3.10

を用いるとつぎのようになる.

$$L = S_1 + \frac{8{D_1}^2}{3S_1} + S_2 + \frac{8{D_2}^2}{3S_2} = S_1 + S_2 + \frac{8}{3}\left(\frac{{D_1}^2}{S_1} + \frac{{D_2}^2}{S_2}\right) \tag{1}$$

支持点 B が外れたとき，たるみ D を用いても電線総実長 L は変化がないので，

$$L = S_1 + S_2 + \frac{8D^2}{3(S_1 + S_2)} \tag{2}$$

となる．式 (1) = 式 (2) より，つぎがわかる．

$$\frac{8}{3}\left(\frac{{D_1}^2}{S_1} + \frac{{D_2}^2}{S_2}\right) = \frac{8}{3}\frac{D^2}{S_1 + S_2}$$

$$\therefore \quad D^2 = \left(1 + \frac{S_2}{S_1}\right) D_1^2 + \left(1 + \frac{S_1}{S_2}\right) D_2^2 \tag{3}$$

支持点 B が外れる前の関係式は，式 (3.30) により

$$D_1 = \frac{w{S_1}^2}{8T}, \qquad D_2 = \frac{w{S_2}^2}{8T}$$

$$T = \frac{w{S_1}^2}{8D_1} = \frac{w{S_2}^2}{8D_2}$$

$$\therefore \quad \frac{D_2}{D_1} = \left(\frac{S_2}{S_1}\right)^2 = \frac{4}{2} = 2$$

$$\therefore \quad \frac{S_2}{S_1} = \sqrt{2} \tag{4}$$

となる．式 (4) を式 (3) に代入すると，つぎがわかる．

$$D^2 = (1 + \sqrt{2}) \times 2^2 + \left(1 + \frac{1}{\sqrt{2}}\right) \times 4^2$$

$$= 9.65 + 27.31 = 36.96$$

$$\therefore \quad D = 6.08 \text{ [m]}$$

4.1 4.1 節の断路器，4.3 節の遮断器を参照.

4.2 4.3 節の消弧を参照.

4.3 4.4 節の避雷器を参照.

① 酸化亜鉛（ZnO） ② 直列ギャップ ③ 周波数 ④ 続流

4.4 鳳－テブナンの定理を用いて，地絡点の電流 I を求める等価回路は解図 4.1 のようになる.

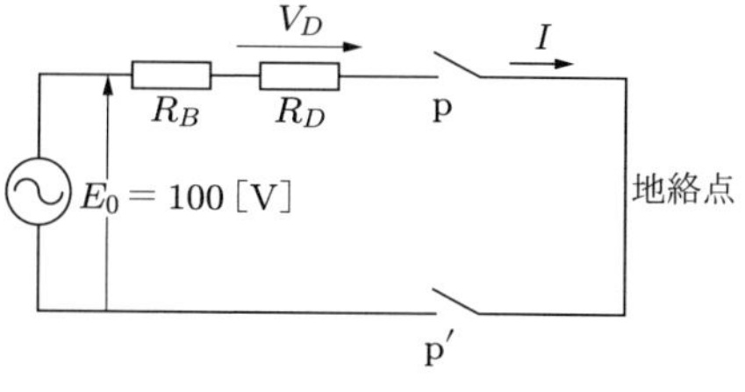

解図 4.1

したがって，人間が電気機器に触れたときの感電の電圧は

$$V_D = IR_D = \frac{E_0 R_D}{R_B + R_D} \leq 60$$

$$R_D(E_0 - 60) \leq 60R_B$$

$$R_D \leq \frac{60R_B}{E_0 - 60} = \frac{60 \times 40}{100 - 60} = 60 \text{ [}\Omega\text{]}$$

となる．すなわち，D 種接地抵抗は 60 Ω 以下でなければならない.

4.5 題意の回路は図 4.8 と同一であり，鳳－テブナンの定理を用いた高低圧混触時の等価回路は解図 4.2 のように表される.

低圧線の電位上昇は B 種接地 R の端子電圧で，これを V_R とおけば，つぎのよ

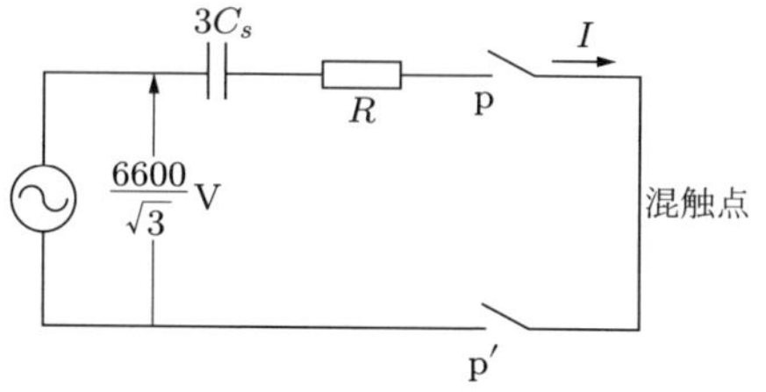

解図 4.2

うになる.

$$V_R = IR \fallingdotseq 3\omega C_s R\frac{6600}{\sqrt{3}} = 3 \times 2\pi \times 50 \times 0.1 \times 10^{-6} \times 40 \times \frac{6600}{\sqrt{3}}$$
$$= 14.4 \text{ [V]}$$

5.1 式 (5.14) を参照.

5.2 式 (5.22) を参照.

5.3 (1) 5.1 節の抵抗を参照. (2) 図 5.3 を参照. (3) 5.4 節を参照.

5.4 三相送電線に電流を流したときの, 1 線あたり大地帰路のインダクタンス $L_e = 2.3$ [mH/km], 線間の相互インダクタンス $L_m = 1.0$ [mH/km] であるから, 1 線あたりのインダクタンス L_0 は, 式 (5.18) を用いて, つぎのようになる.

$$L_0 = L_e + 2L_m = 2.3 + 2 \times 1.0 = 4.3 \text{ [mH/km]}$$

5.5 線路の長さを l [km] とおけば, 充電電流 I_c は式 (5.24) を用いて, つぎのようになる.

$$I_c = \omega Cl\frac{V}{\sqrt{3}} = 2\pi f(C_s + 3C_m)l\frac{V}{\sqrt{3}}$$

となり, これに $f = 60$ [Hz], $C_s = 0.005$ [μF/km], $C_m = 0.0014$ [μF/km], $l = 100$ [km], $V = 154000$ [V] を代入すれば, つぎのようになる.

$$I_c = 2\pi \times 60(0.005 + 3 \times 0.0014)10^{-6} \times 100 \times \frac{154000}{\sqrt{3}}$$
$$= 30.8 \text{ [A]}$$

5.6 ある線路の対地容量を C_s, 線間容量を C_m とおけば, 解図 5.1 のように表される. 線間電圧を V とする.

3 線を一括すると C_m は消えてなくなり, これと対地との間に Y 電圧 (相電圧) を加えたときの電流を I_1 とおけば, I_1 は 60 A であるから, 解図 5.1 より

I_1
C_m
C_m
$\frac{V}{\sqrt{3}}$
C_m
C_s
C_s
C_s

解図 5.1

$$I_1 = 3\omega C_s \frac{V}{\sqrt{3}} = 60 \tag{1}$$

となる．

平衡三相電圧 V を加えたとき，1 線を流れる電流 I_2 は 32 A であるから，式 (5.24) を用いて，つぎがわかる．

$$I_2 = \omega(C_s + 3C_m)\frac{V}{\sqrt{3}} = 32 \tag{2}$$

上式 (2) ÷ 上式 (1) より，次式が得られる．

$$\frac{\omega(C_s + 3C_m)\frac{V}{\sqrt{3}}}{3\omega C_s \frac{V}{\sqrt{3}}} = \frac{32}{60}$$

$$\therefore \quad \frac{1}{3} + \frac{C_m}{C_s} = \frac{32}{60} = \frac{8}{15}$$

$$\therefore \quad \frac{C_m}{C_s} = \frac{8}{15} - \frac{1}{3} = 0.2$$

5.7 問図 5.1(a) においては，電流 I_s は上下線，逆方向に流れる．したがって，1 線あたりの磁束は逆方向となるので，1 線あたりのインダクタンスは，式 (5.17) より

$$L = L_e - L_m = 2.34 - 1.05 = 1.29 \text{ [mH/km]}$$

となる．

よって，発電機電流 I_s は，こう長 $l = 100$ [km] であるから，つぎがわかる．

$$I_s = \frac{2 \times 10^4}{2\omega Ll} = \frac{10^4}{\omega Ll} = \frac{10^4}{2\pi f Ll}$$

$$= \frac{10^4}{2\pi \times 60 \times 1.29 \times 10^{-3} \times 10^2} = 206 \text{ [A]}$$

問図 5.1(b) においては，上下線とも $\frac{I_s}{2}$ の電流が同一方向に流れているため，磁束が加わり合うので，1 線あたりのインダクタンスは式 (5.18) に準じて $L_1 = L_e + L_m$ となる．これが大地間で並列に接続されているので，合成インダクタンス L_0 は

$$L_0 = \frac{L_e + L_m}{2} = \frac{2.34 + 1.05}{2} = 1.695 \text{ [mH/km]}$$

となる．したがって，発電機電流 I_s は，つぎのようになる．

$$I_s = \frac{10 \times 10^3}{\omega L_0 l} = \frac{10^4}{2\pi \times 60 \times 1.695 \times 10^{-3} \times 10^2} = 157 \text{ [A]}$$

6.1 式 (6.18) の四端子定数 $\dot{A}$, $\dot{B}$, $\dot{C}$, $\dot{D}$ をテイラー展開した式 (6.20) を式 (6.11) の電流の式に代入すると,

$$\dot{I}_s = \dot{E}_r\dot{Y}\left(1 + \frac{\dot{Z}\dot{Y}}{3!} + \cdots\right) + \dot{I}_r\left(1 + \frac{\dot{Z}\dot{Y}}{2!} + \frac{\dot{Z}^2\dot{Y}^2}{4!} + \cdots\right) \tag{1}$$

上式 (1) の右辺かっこ第 1 項の $\dfrac{\dot{Z}\dot{Y}}{3!}$ 以上と, かっこ第 2 項の $\dfrac{\dot{Z}^2\dot{Y}^2}{4!}$ 以上を無視すれば, 次式が得られる.

$$\therefore\quad \dot{I}_s = \dot{E}_r\dot{Y} + \dot{I}_r\left(1 + \frac{\dot{Z}\dot{Y}}{2}\right) = \dot{I}_r + \dot{Y}\left(\dot{E}_r + \frac{\dot{Z}}{2}\dot{I}_r\right)$$

$$= \dot{I}_r + \dot{I}_c \tag{2}$$

上式 (2) は, 解図 6.1 の T 回路を表していることがわかる.

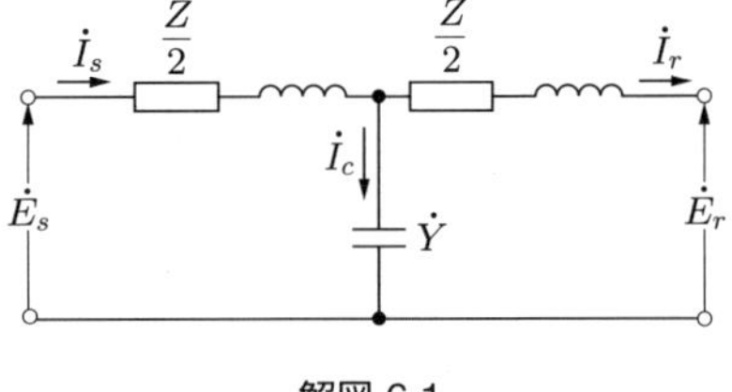

解図 6.1

6.2 6.3 節（5）を参照.

6.3 6.3 節（4）を参照.

6.4 題意の四端子回路が解図 6.2 のように表され, 次式が成立することを用いる.

$$\dot{E}_s = \dot{A}\dot{E}_r + \dot{B}\dot{I}_r \tag{1}$$

$$\dot{I}_s = \dot{C}\dot{E}_r + \dot{D}\dot{I}_r \tag{2}$$

（1） 無負荷 $\dot{I}_r = 0$ で, かつ線路の抵抗分を無視しているので, 第 7 章で述べる

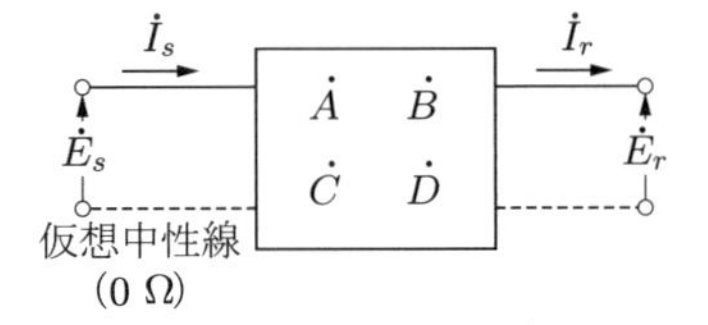

解図 6.2

ように，$\dot{E}_s = E_s e^{j\theta}$ の $\theta = 0$ となり，$\dot{E}_r$ と $\dot{E}_s$ とは同相となる．送電端および受電端の線間電圧をそれぞれ $\dot{V}_s$，$\dot{V}_r$ とすれば，つぎのようになる．

$$\frac{\dot{V}_s}{\sqrt{3}} = \dot{A}\frac{\dot{V}_r}{\sqrt{3}}$$

$$\therefore \quad \dot{V}_r = \frac{\dot{V}_s}{\dot{A}} = \frac{275}{0.8} = 343.8 = 344 \text{ [kV]}$$

送電端電流 I_s は，上式 (2) よりつぎのようになる．

$$\dot{I}_s = \dot{C}\dot{E}_r = j0.0015 \times \frac{343.8}{\sqrt{3}} = j0.298 \text{ [kA]} = j298 \text{ [A]}$$

（2） 上記の計算結果よりフェランチ効果が生じているので，受電端に調相機を運転し，遅れ電流をとらせる必要がある．この電流を $\dot{I}_{rc}$ とおくと，式 (1) よりつぎがわかる．

$$\dot{I}_{rc} = \frac{\dot{E}_s - \dot{A}\dot{E}_r}{\dot{B}} = \frac{\dfrac{\dot{V}_s}{\sqrt{3}} - \dot{A}\dfrac{\dot{V}_r}{\sqrt{3}}}{j240}$$

$$= -j\frac{275(1-0.8)\times 10^3}{240\cdot\sqrt{3}} = -j\frac{229.1}{\sqrt{3}} \text{ [A]}$$

受電端の三相遅れ容量 Q_{rc} は，つぎのようになる．

$$Q_{rc} = \sqrt{3}\dot{V}_r\dot{I}_{rc} = \sqrt{3} \times 275 \text{ [kV]} \times \frac{0.2291}{\sqrt{3}} \text{ [kA]} = 63.0 \text{ [MVA]}$$

6.5 つぎのような防止策がある．

- 複数の発電機を並列運転することで，容量と短絡比の積に比例して，充電電流を分散する．
- 受電端に分岐リアクトルを接続して，低負荷時の受電端電圧の上昇を抑制する．
- 受電端側に変圧器を接続して，遅れ励磁電流を発生させる．

7.1 （1） 解図 7.1 は，題意の三相送電線路を一相について示したものである．送受電端の線間電圧をそれぞれ $\dot{V}_s$，$\dot{V}_r$ とおき，相電圧をそれぞれ $\dot{E}_s$，$\dot{E}_r$ とおけば，次式が成り立つ．

$$\dot{E}_s = \frac{\dot{V}_s}{\sqrt{3}}, \qquad \dot{E}_r = \frac{\dot{V}_r}{\sqrt{3}}$$

$\dot{E}_r$ を基準ベクトルとすると，$\dot{E}_s = E_s e^{j\theta}$ で，θ のみが受電端の電力の増減にともなって変化する．線路の電流を I とすると，

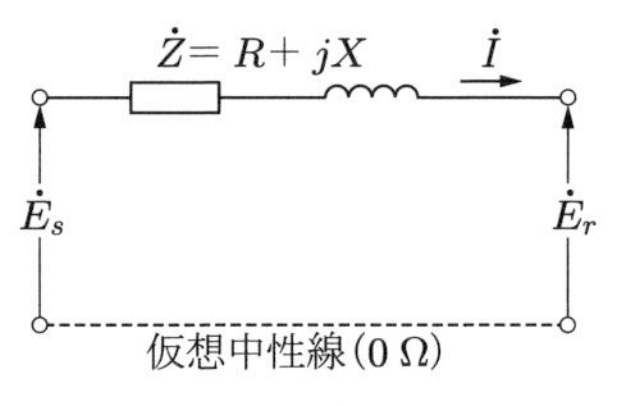

解図 7.1

$$\dot{E}_s = \dot{E}_r + \dot{Z}\dot{I}$$

$$\dot{I} = \frac{\dot{E}_s - \dot{E}_r}{\dot{Z}} = \frac{E_s e^{j\theta} - E_r}{|Z|e^{j\beta}} = \frac{E_s e^{j(\theta-\beta)}}{|\dot{Z}|} - \frac{E_r e^{-j\beta}}{|\dot{Z}|}$$

となる．ここで，$\dot{Z} = \sqrt{R^2 + X^2}e^{j\beta} = |\dot{Z}|e^{j\beta}$ で，β は線路のインピーダンス角である．

受電端のベクトル電力 $\dot{S}_r$ はつぎのようになる．

$$\dot{S}_r = 3\overline{\dot{E}_r}\dot{I} = \frac{3E_sE_re^{j(\theta-\beta)}}{|\dot{Z}|} - \frac{3{E_r}^2e^{-j\beta}}{|\dot{Z}|}$$

$$= \frac{V_sV_r}{|\dot{Z}|}e^{j(\theta-\beta)} - \frac{{V_r}^2e^{-j\beta}}{|\dot{Z}|}$$

$$= \frac{V_sV_r}{|\dot{Z}|}\cos(\theta-\beta) - \frac{{V_r}^2}{|\dot{Z}|}\cos\beta$$

$$+ j\left\{\frac{V_sV_r}{|\dot{Z}|}\sin(\theta-\beta) + \frac{{V_r}^2}{|\dot{Z}|}\sin\beta\right\}$$

受電端三相有効電力および無効電力を，それぞれ P_r，Q_r とおけば

$$P_r = \frac{V_sV_r}{|\dot{Z}|}\cos(\theta-\beta) - \frac{{V_r}^2}{|\dot{Z}|}\cos\beta \tag{1}$$

$$Q_r = \frac{V_sV_r}{|\dot{Z}|}\sin(\theta-\beta) + \frac{{V_r}^2}{|\dot{Z}|}\sin\beta \tag{2}$$

となり，式 (1)，(2) から，円の方程式ができる．

$$\left(P_r + \frac{{V_r}^2}{|\dot{Z}|}\cos\beta\right)^2 + \left(Q_r - \frac{{V_r}^2}{|\dot{Z}|}\sin\beta\right)^2 = \left(\frac{V_sV_r}{|\dot{Z}|}\right)^2 \tag{3}$$

式 (3) は円の方程式を表し，その中心座標は第 2 象限にある．

$$\text{中心} \quad \left(\frac{{V_r}^2}{|\dot{Z}|}\cos\beta, \frac{{V_r}^2}{|\dot{Z}|}\sin\beta\right)$$

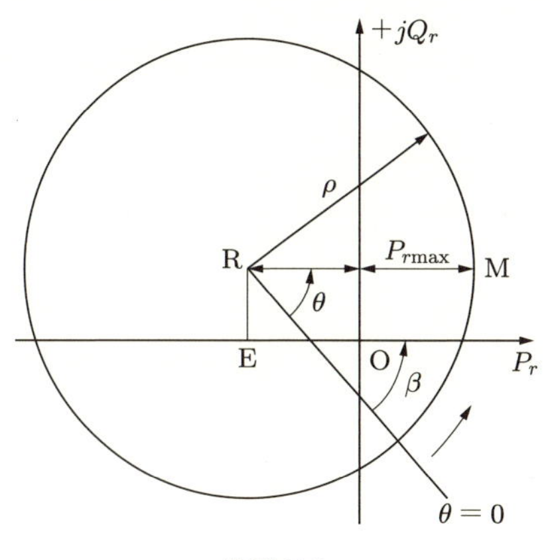

解図 7.2

半径　　$\rho = \dfrac{V_s V_r}{|\dot{Z}|}$

これらの円線図を描くと，解図 7.2 のようになる．受電端最大電力 $P_{r\,\max}$ は

$$P_{r\,\max} = \rho - (\text{OE の長さ}) = \rho - \frac{{V_r}^2}{|\dot{Z}|}\cos\beta$$

となる．すなわち，$\theta = \beta$ のときである．

（2）　式 (1) の受電端電力

$$P_r = \frac{V_s V_r}{|\dot{Z}|}\cos(\theta - \beta) - \frac{{V_r}^2}{|\dot{Z}|}\cos\beta$$

で，P_r が最大になるのは，$\theta = \beta$ のときである．よって，つぎがわかる．

$$P_{r\,\max} = \frac{V_s V_r}{|\dot{Z}|} - \frac{{V_r}^2}{|\dot{Z}|}\cos\beta$$

すなわち，条件としては，次式となる．

$$\theta = \beta$$

7.2　7.2 節（2）を参照．

7.3　電力用コンデンサは，同期調相機に比較するとつぎのような利点，欠点がある．

1　利点

- 静止機器であるため騒音がない．
- 同期調相機に比較し損失が少ない．
- 建設費が安く，運搬，据付けが容易である．
- 同期化の問題がない．

2　欠点

- 遅れ容量をとりえない.
- 電圧の調整が階段的となり，円滑な調整ができない.

7.4　受電端電力円線図（解図 7.3）の基本式より，つぎのようになる.

$$P_r^2 + (Q_r + 361.8)^2 = (395.8)^2$$

$$Q_L = P\tan\theta = 300 \times \frac{\sqrt{1-0.9^2}}{0.9} = 145.3 \text{ [MVar]}$$

$$Q_r = 361.8 - \sqrt{395.8^2 - 300} = 103.6 \text{ [MVar]}$$

$$\therefore \quad Q_C = Q_L + Q_r = 249 \text{ [MVar]}$$

ここで，Q_L は負荷の遅れ分の無効電力，Q_r は無効電力，Q_C は調相機容量とした.

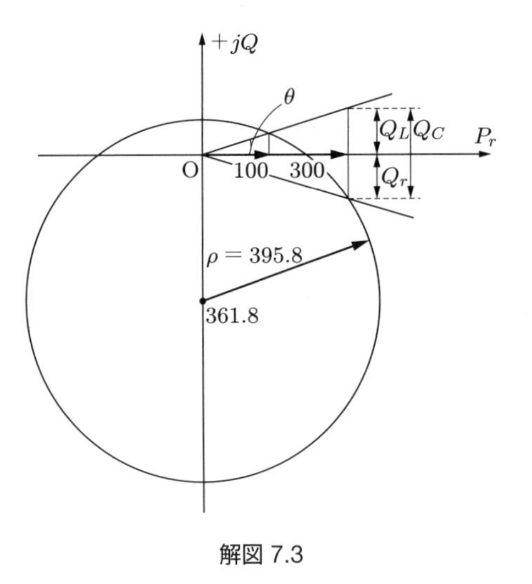

解図 7.3

8.1　基準容量を 20000 kVA とすると，これに換算した一相あたりの %リアクタンスは，解図 8.1 のようになる.

短絡点 pp′ からの合成 %リアクタンス $\%X_0$ は，つぎのようになる.

$$\%X_0 = \frac{(30+10+5)(120+40)}{(30+10+5)+(120+40)} = \frac{45\times160}{45+160} = 35.12 \text{ [\%]}$$

基準容量に対する基準電流 I_N は，つぎのようになる.

$$I_N = \frac{20000\times10^3}{\sqrt{3}\times154\times10^3} = 74.98 \text{ [A]}$$

点 P の三相短絡電流 I_s は，式 (8.17) を用いて次式が得られる.

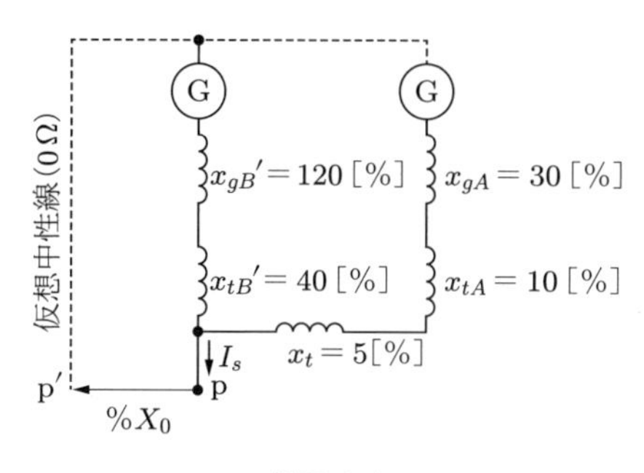

解図 8.1

$$I_s = \frac{I_N}{\%X_0} \times 100 = \frac{74.98}{35.12} \times 100 = 214 \text{ [A]}$$

8.2 点 F で，1 線地絡事故が発生した場合の対称分等価回路は，解図 8.2 のように表すことができる．いずれも Y－Δ 結線であるため，送受電端の二つの変圧器の中性点が直接接地されているので，送電端の発電機および受電系統に零相電流は流れず，そのため切り離された回路になる．

解図 8.2 より故障点 F からみた送電端および受電端側の零相リアクタンスを，それぞれ X_{0s}，X_{0r} とすると，

$$X_{0s} = X_{ts0} = 0.12 \text{ [pu]}$$

$$X_{0r} = X_{t0} + X_{tr0} = 0.70 + 0.1 = 0.8 \text{ [pu]}$$

となる．したがって，点 F からみた合成零相リアクタンス X_0 は，

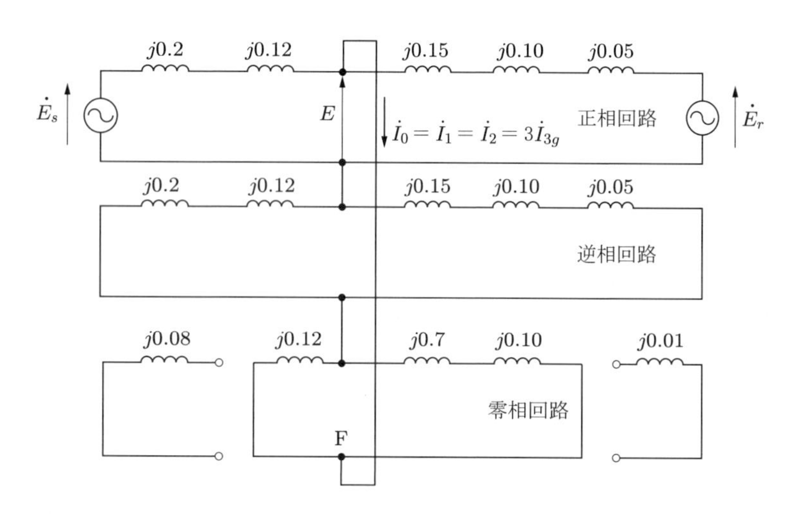

解図 8.2

$$X_0 = \frac{0.12 \times (0.70 + 0.10)}{0.12 + (0.70 + 0.10)} = 0.1043 \text{ [pu]}$$

となる．正相合成リアクタンスおよび逆相合成リアクタンスを X_1，X_2 とおけば，式 (8.40) により，次式が得られる．

$$X_1 = X_2 = \frac{(0.2 + 0.12) \times (0.15 + 0.10 + 0.05)}{(0.2 + 0.12) + (0.15 + 0.10 + 0.05)}$$
$$= \frac{0.32 \times 0.30}{0.32 + 0.30} = 0.1548 \text{ [pu]}$$

同様に，点 F からみた送受電端側，受電端側，合成リアクタンスの正相分，逆相分をそれぞれ X_{1s}，X_{1r}，X_{2s}，X_{2r}，X_2 とすると，つぎのようになる．

$$X_{1s} = X_{g1} + X_{ts1} = 0.2 + 0.12 = 0.32 \text{ [pu]}$$
$$X_{1r} = X_{l1} + X_{tr1} + X_{r1} = 0.15 + 0.10 + 0.05 = 0.30 \text{ [pu]}$$
$$X_{2s} = X_{g2} + X_{t2} = 0.2 + 0.12 = 0.32 \text{ [pu]}$$
$$X_{2r} = X_{l2} + X_{tr} + X_{r2} = 0.15 + 0.10 + 0.05 = 0.30 \text{ [pu]}$$

また，故障点下での故障前における電圧 $E = 1.0$ [pu] である．

したがって，点 F での 1 線地絡電流 I_g は，式 (8.36) よりつぎのようになる．

$$I_g = 3I_0 = \frac{3E}{X_0 + X_1 + X_2} = \frac{3 \times 1.0}{0.1043 + 2 \times 0.1548}$$
$$= 7.248 \text{ [pu]}$$

さらに，基準電流 I [A] は

$$I = \frac{1000 \times 10^3}{\sqrt{3} \times 500 \times 10^3} = 1.155 \text{ [kA]}$$

である．すなわち，155 kA が 1 pu に相当する．

$$I_g = 7.248 \times 1.155 = 8.37 \times 10^3 \text{ [A]}$$

8.3 問図 8.3 より 1 相あたりの等価回路を求める．ここで，基準容量 $P_B = 10000$ [kVA]，$V_{1B} = 110$ [kV]，$V_{2B} = 6.9$ [kV] として線路のインピーダンス $\dot{Z}_l$ を $\%\dot{Z}_1 = R + jX$ [%]，変圧器の $\dot{Z}_t$ を $\%\dot{Z}_t$ として求めると，つぎのようになる．

$$\%\dot{Z}_l = 0.4 \times 1 \times \frac{10000}{10 \times 6.9^2} + j0.4 \times 1 \times \frac{10000}{10 \times 6.9^2}$$
$$= 8.402 + j8.402 \text{ [\%]}$$
$$\%\dot{Z}_t = j0.5 \times 1 \times \frac{10000}{10 \times 6.9^2} = j10.50$$

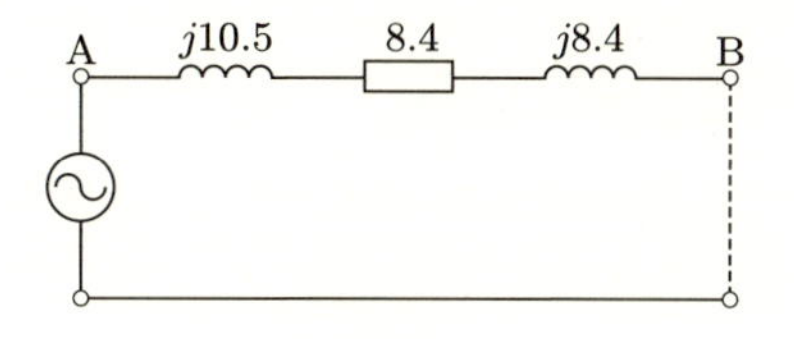

解図 8.3

問図 8.3 の等価回路は，解図 8.3 のようになる．

点 A から電源側をみた $\%\dot{Z}_{AS}$ [%] は，$\%\dot{Z}_t$ に等しいため，点 A の短絡電流 I_{AS} [A] は，式 (8.17) からつぎのようになる．

$$I_{AS} = \frac{100}{\%\dot{Z}_t} \times I_B = \frac{100}{10.5} \times \frac{10000}{\sqrt{3} \times 6.9} = 7.97\ [\mathrm{A}]$$

点 B から電源側をみた $\%\dot{Z}_{BS}$ [%] は，つぎのようになる．

$$\begin{aligned}\%\dot{Z}_{BS} &= \%\dot{Z}_l + \%\dot{Z}_t \\ &= 8.402 + j8.402 + j10.5 = 8.402 + j18.902\end{aligned}$$

$$|\%Z_{BS}| = \sqrt{8.4^2 + 18.9^2} = 20.7\,\%$$

したがって，求める短絡電流 I_{BS} および短絡容量 P_{BS} は

$$I_{BS} = \frac{100}{|\%\dot{Z}_{BS}|} I_B = \frac{100}{20.7} \times \frac{10000}{\sqrt{3} \times 6.9} = 4.04\ [\mathrm{kA}]$$

$$P_{BS} = \frac{100}{|\%\dot{Z}_{BS}|} P_B = \frac{100}{20.7} = 48.3\ [\mathrm{MVA}]$$

8.4 問図 8.4 より，式 (8.34) を参考として

$$\dot{V}_0 = -\dot{Z}_0 \dot{I}_0, \qquad \dot{V}_1 = \dot{E}_a - \dot{Z}_1 \dot{I}_1, \qquad \dot{V}_2 = -\dot{Z}_2 \dot{I}_2$$

となり，次式が成り立つ．

$$\dot{V}_a = \dot{E}_a - (\dot{Z}_0 + \dot{Z}_1 + \dot{Z}_2)\dot{I} \qquad (\dot{I}_a = \dot{I}_b = \dot{I}_c = \dot{I}\text{より})$$

$$\begin{aligned}\dot{E}_a &= R(\dot{I}_0 + \dot{I}_1 + \dot{I}_2) + (\dot{Z}_0 + \dot{Z}_1 + \dot{Z}_2)\dot{I} \\ &= \dot{I}(3R + \dot{Z}_0 + \dot{Z}_1 + \dot{Z}_2)\end{aligned}$$

$$\dot{I} = \frac{\dot{E}_a}{3R + \dot{Z}_1 + \dot{Z}_2 + \dot{Z}_3}$$

$$\dot{I}_a = \dot{I}_0 + \dot{I}_1 + \dot{I}_2 = \frac{3\dot{E}_a}{3R + \dot{Z}_1 + \dot{Z}_2 + \dot{Z}_3}$$

9.1 解図 9.1 は，基本波の実効値 E_1 の三相 a，b，c 各相の電圧のベクトルを示したもので，相回転を反時計方向 a，b，c とすると，b，c 相のひずみ波電圧 e_b，e_c はそれぞれ e_a の ωt の代わりに $\omega t-120°$，$\omega t-240°$ とおけばよいので，次式となる．

$$e_a=\sqrt{2}E_1\sin\omega t+\sqrt{2}E_3\sin 3\omega t+\sqrt{2}E_5\sin 5\omega t$$

$$e_b=\sqrt{2}E_1\sin(\omega t-120°)+\sqrt{2}E_3\sin 3(\omega t-120°)+\sqrt{2}E_5\sin 5(\omega t-120°)$$

$$e_c=\sqrt{2}E_1\sin(\omega t-240°)+\sqrt{2}E_3\sin 3(\omega t-240°)+\sqrt{2}E_5\sin 5(\omega t-240°)$$

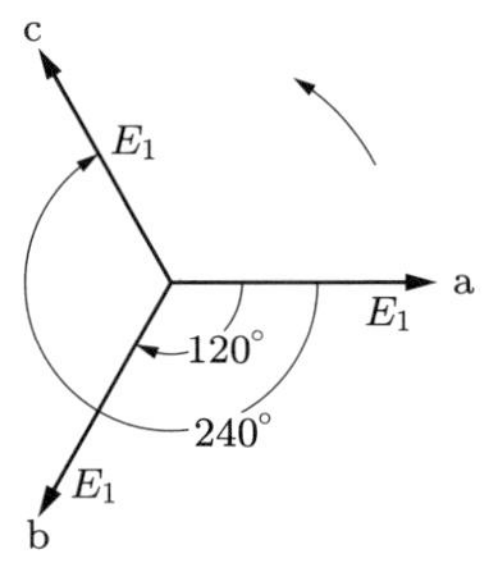

解図 9.1

各相の第 3 高調波の電圧 e_{a3}，e_{b3}，e_{c3} は，つぎのようになる．

$$e_{a3}=\sqrt{2}E_3\sin 3\omega t$$

$$e_{b3}=\sqrt{2}E_3\sin(3\omega t-360°)=\sqrt{2}E_3\sin 3\omega t$$

$$e_{c3}=\sqrt{2}E_3\sin(3\omega t-720°)=\sqrt{2}E_3\sin 3\omega t$$

これらは実効値 E_3 の大きさで，解図 9.2 のように同相である．
各相の第 5 高調波の電圧 e_{a5}，e_{b5}，e_{c5} は，つぎのようになる．

$$e_{a5}=\sqrt{2}E_5\sin 5\omega t$$

$$\begin{aligned}e_{b5}&=\sqrt{2}E_5\sin 5(\omega t-120°)=\sqrt{2}E_5\sin(5\omega t-600°)\\&=\sqrt{2}E_5\sin\{5\omega t-(720°-120°)\}\\&=\sqrt{2}E_5\sin(5\omega t+120°-720°)=\sqrt{2}E_5\sin(5\omega t+120°)\end{aligned}$$

$$e_{c5}=\sqrt{2}E_5\sin 5(\omega t-240°)=\sqrt{2}E_5\sin(5\omega t-1200°)$$

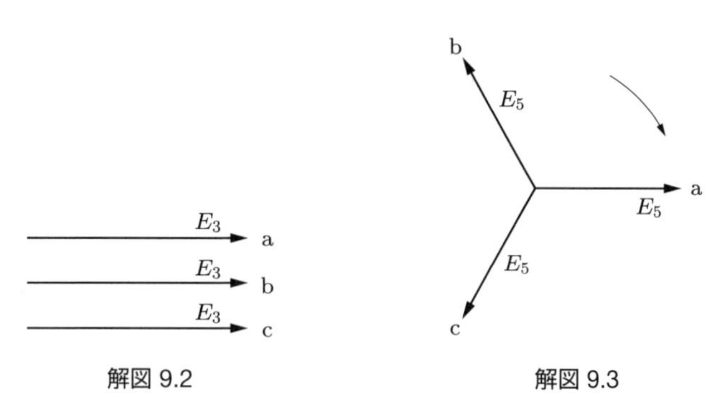

解図 9.2　　解図 9.3

$$= \sqrt{2}E_5 \sin\{5\omega t - (1080^\circ + 120^\circ)\} = \sqrt{2}E_5 \sin(5\omega t - 120^\circ)$$

これらは実効値 E_5 の大きさで，解図 9.3 のように時計方向に回転している．

9.2　9.1 節で述べたように，変圧器の接続において，鉄心は一次，二次共通のものであるから，線路側は Y 結線とし，発電機側は Δ 結線として，この Δ 結線の中に第 3 高調波電流を循環させれば，線路側の Y 結線の中性点には基本波電圧 $E_1 = 0$，第 3 調波電圧 $E_3 = 0$ となるので，Y 結線の中性点は安心して接地することができる．

9.3　表 9.1 を参照．

9.4　表 9.1 を参照し，答えは (5) となる．

9.5　(2)

9.6　①　異常電圧　②　電圧　③　絶縁　④　保護継電器　⑤　アーク

10.1　送電安定度を向上させるためには，式 (10.1) による送電電力 $P_s = \dfrac{V_s V_r}{X} \sin\theta$ を増加させればよいので，つぎの方法が考えられる．

- 並列回線数を増加するか，直列コンデンサの採用，機器リアクタンスの減少などによって系統（線路と機器）のインピーダンスを減少させる．
- 高速度再閉路方式の採用や，中性点直接接地方式の採用などにより，系統に与える回路状態の変動を少なくする．
- 速応励磁方式の採用により電圧の変動を少なくする．
- 過渡期の同期機入力に対する不平衡を少なくする．

10.2　送電線路の定態安定極限電力は，式 (10.1) より，つぎのようになる．

$$P_s = \frac{V_s V_r}{X} \sin\theta$$

ここで，$\theta = 90^\circ$ のとき，最大電力 $P_{s\,\max} = \dfrac{V_s V_r}{X}$ となるので，題意の数値

$V_s = 275$ [kV]，$V_r = 250$ [kV]，$X = 300$ [Ω] を代入すれば，つぎのようになる．

$$P_{s\,\max} = \frac{V_s V_r}{X} = \frac{275 \times 250}{300} \times 10^6 = 229 \text{ [MW]}$$

10.3 ① 負荷　② 安定　③ 故障　④ 過渡

10.4 電力系統の安定度向上のための対策としては，式 (10.1) より，送電電力を増加させることがよい．また，過渡的な変化の安定度を高めるためには，同期化力を大きくするとよい．

10.5 ① 発電電力　② 同期　③ 短絡　④ 断線　⑤ 安定
⑥ 過渡安定極限

11.1 図 11.1 を参照．

11.2 11.2 節を参照．

11.3 以下のような送電が適している．

- 長距離用電力送電
- 特性の異なる交流系の連携（たとえば，風力発電などのウィンドファームなど）
- 海底ケーブルの送電

索　引

英数・記号

1 線地絡事故　108
2 導体　56
4 導体　56
8 導体　56

AVR　113
A 種接地工事　42, 43

B 種接地工事　12, 42, 43

CB　39
CT　38

D 種接地工事　43

GOV　113

OCGR　39
OCR　38

TC　39
T 回路　65

V 曲線　78

Y–Δ 結線　105
Y 結線　5, 7

ZCT　39

Δ–Y 結線　105
Δ 結線　5, 7

π 回路　66

%インピーダンス　81
%インピーダンス法　81, 87

あ 行

アーク　40
油入遮断器　40
アルミ線　48

位相差　5
一次変電所　2
一次巻線　14
インダクタンス　50

遅れ無効電力　9
オーム法　81, 86

か 行

開閉器　38
開閉サージ　41
架空共同地線　43
架空接地線　43
ガス遮断器　41
仮想中性線　7
過電流継電器　38
過電流接地継電器　39
過渡安定極限電力　113
過渡安定度　113
可動接触　40
雷　41
簡易等価回路　64

基幹系統　1
逆相インピーダンス　90
逆相電圧　89
逆相電流　89
極限受電電力　73

空気遮断器　40
区分開閉器　38

結線方法　7

高圧　2, 3
高圧側　14
高圧の電路　42
公称電圧　2
硬銅線　48
国際標準軟銅　48
故障計算　81
固定接触　40

さ　行

最高電圧　2
最大需要電力　16
最大張力　35
最大のたるみ　35
作用インダクタンス　52
作用静電容量　55
作用容量　55
酸化亜鉛形避雷器　41
三角結線　5
三相 3 線式　12
三相 4 線式配電方式　45
三相回路　6
三相交流起電力　5
三相交流電圧　5
三相交流電流　4
三相交流同期発電機　4
三相交流方式　3

磁気遮断器　41
自己インダクタンス　50
自己励磁作用　69
実効値　14
自動電圧調整器　113
遮断器　39, 40
週負荷率　17
需要率　16
消弧　40
消弧リアクトル接地　42
消弧リアクトル接地方式　105, 109
所要電線量の比較　26
所要の電線実長　35
真空遮断器　41

進み無効電力　11

制限電圧　41
正相インピーダンス　90
正相電圧　89
正相電流　89
静電容量　54
接地式電路　42
接地線　44
接地抵抗値　44
接地方式　105
設備容量　16
線間電圧　7
線電流　7
全日効率　18

双曲線関数　61
相互インダクタンス　50
操作棒　40
相電圧　7
相電流　7

た　行

第 3 高調波　103
対称座標法　88
対称三相交流電圧　5

対称分インピーダンス　90
対地電圧　3
多導体線路　56
たるみ　34
単位法　83
単相 2 線式　12
単相 3 線式　12
単相配電線路　21
単相負荷　8
短絡電流　84
短絡容量　84
断路器　38

地域供給系統　1
中性点　12
中性点直接接地方式　106
超高圧　3
調相機容量　71
調速機　113
直接接地方式　105, 106
直流送電システム　118
直流リアクトル　118
直列ギャップ　41
地絡事故　39

月負荷率　17

低圧　2, 3
低圧側　14
低圧の電路　43
抵抗接地方式　105, 107
抵抗の増加　48
定態安定極限電力　113
定態安定度　113
定電圧制御　120
定電流制御　120
定電力制御　120
定余裕角制御　120
鉄心中の損失　15
鉄損　18
電基　3

電気規格調査会標準規格　2
電気設備技術基準を定める省令　3
電動機負荷　12
電灯動力共用方式　12
電灯負荷　12
伝搬定数　60
電力円線図　71
電力系統　1
電力の三角形　29
電力平衡方式　46
電力用コンデンサ　79

同期調相機　78
同期はずれ　113
銅損　18
動態安定度　113, 116
導電率 100％　48
特性インピーダンス　60
特性要素　41
特別高圧　3
特高圧変電所　2

な 行

軟銅線　48

二次変電所　2
二次巻線　14

ねん架　53
年負荷率　17

は 行

配電系統　1
配電変電所　2
配電方式　12
発電機の基本式　94
発電所　1

引外しコイル　39
ヒステリシスループ　102

非接地式電路　42
非接地方式　105, 110
皮相電力　9
必要なコンデンサの容量　29
日負荷率　17
標準電圧　2
平等分布負荷　34
表皮効果　48
避雷器　41

フェーザ図　5
フェランチ効果　68
負荷曲線　17
負荷の力率　9
負荷率　17
不等率　17
フリッカ　19
分布定数回路　59
分路リアクトル　79

平衡三相Ｙ形負荷　6
平衡三相回路　6
平衡三相電流　6
ベクトルオペレータ　6, 88
変圧器　14
変電所　1
変流器　38

鳳－テブナンの定理　44, 105
保護継電器　38
星形結線　5

ま 行

巻数比　14, 82
巻線の抵抗　15
末端集中負荷　33

無効電流　29
無負荷充電試験　68

漏れ磁束　15

や 行

有効電流　29
有効電力　9

より込み率　48
より線　48
四端子定数　62

ら 行

力率が改善された　29
理想的な電線　21
理想的な変圧器　14
略算式　22

励磁電流　15
零相インピーダンス　90
零相電圧　89
零相電流　39, 89
零相変流器　39

著　者　略　歴

山口　純一（やまくち・じゅんいち）

1948 年　鹿児島県立工業専門学校電気科卒業
1958 年　鹿児島大学工学部講師
1961 年　鹿児島大学工学部助教授
1965 年　電気主任技術者試験第 1 種合格
1982 年　工学博士（明治大学）
1984 年　鹿児島大学工学部教授
1991 年　熊本工業大学工学部電気工学科教授
1992 年　鹿児島大学名誉教授
2001 年　熊本工業大学退職
2016 年　逝去

中村　格（なかむら・いたる）

1990 年　鹿児島大学大学院工学研究科電気工学専攻修了
1990 年　九州大学工学部電気工学科助手
1993 年　鹿児島工業高等専門学校電気工学科助手
1994 年　鹿児島工業高等専門学校電気工学科講師
1999 年　博士（工学・鹿児島大学）
1999 年　鹿児島工業高等専門学校電気工学科助教授（2007 年より准教授）
2011 年　鹿児島工業高等専門学校電気電子工学科教授
　　　　現在に至る

湯地　敏史（ゆじ・としふみ）

2003 年　宮崎大学大学院工学研究科博士前期課程電気電子工学専攻修了
2005 年　広島商船高等専門学校電子制御工学科助手
2007 年　東京工業大学大学院理工学研究科博士後期課程原子核工学専攻
　　　　修了
　　　　博士（工学）
2007 年　大分工業高等専門学校電気電子工学科助教
2008 年　宮崎大学教育文化学部講師
2012 年　宮崎大学教育文化学部准教授
2016 年　宮崎大学教育学部准教授
　　　　現在に至る

編集担当　太田陽喬（森北出版）
編集責任　富井　晃（森北出版）
組　　版　中央印刷
印　　刷　　同
製　　本　ブックアート

送配電の基礎（第2版）

1999年11月30日　第1版第1刷発行
2016年2月10日　第1版第10刷発行
2019年1月17日　第2版第1刷発行
2020年3月10日　第2版第2刷発行

著　　者　山口純一・中村　格・湯地敏史
発 行 者　森北博巳
発 行 所　**森北出版株式会社**
東京都千代田区富士見1-4-11（〒102-0071）
電話 03-3265-8341／FAX 03-3264-8709
https://www.morikita.co.jp/
日本書籍出版協会・自然科学書協会　会員

Printed in Japan／ISBN978-4-627-74192-8

MEMO

MEMO

MEMO